재밌어서 밤새 읽는
유전자 이야기

OMOSHIROKUTE NEMURENAKUNARU IDENSHI

디게우치 가오루 · 마루야마 아쓰시 지음 | 김소영 옮김 | 정성헌 감수

더숲

머리말

돌발적인 질문을 하겠다. 여러분은 혀로 체리 꼭지를 묶을 수 있는가? 대체 무슨 이야기인가 싶을 것이다. 이제부터 간단한 테스트를 할 테니, 다음 동작들이 가능한지 시험해보기 바란다.

A. 혀끝 말기(혀끝을 둥글게 말아서 혀 가운데 부분에 대기)

B. 혀를 빨대처럼 둥글게 말기(앞에서 보면 U나 V 자처럼 보인다)

C. 혀를 비스듬히 눕히기(물론 정면에서 봤을 때 이야기다)

D. 혀끝을 W 자처럼 말기(세 잎 클로버처럼 보이기도 한다)

어떤가? 네 동작을 모두 해낸 사람은 거의 없을 것이다. 특히 A

동작을 하는 사람은 B를 못하고, 반대로 B 동작을 하는 사람은 A를 못하는 경우가 많다고 한다. C 동작도 좌우 중 한쪽으로 기울일 수는 있지만, 양쪽 동작을 다 할 때는 왠지 어색한 사람이 있다고 한다. D 동작을 하는 사람은 아주 재주가 좋은 사람이다.

고든 에들린(Gordon Edlin)의 『인간의 유전학』(1990년)에 따르면 혀의 가로 근육을 제어하는 단백질을 만드는 유전자가 있다는데, 이 주장에 이의를 제기하는 사람도 있다. 예를 들어 앞서 언급한 혀의 움직임은 부모가 못해도 아이는 할 수 있거나, 일란성 쌍둥이라도 둘 다 똑같이 하지는 못하는 사례도 있다는 것이다. 혀로 체리 꼭지를 매듭짓는 것 또한 계속 연습하면 어느 정도는 할 수 있게 된다(하지만 개인차가 있는 것은 확실한 듯하다). 즉, 유전이라고 해도 100퍼센트 결정된 것은 아니며, 운동 능력 같은 것은 후천적으로 어느 정도 바꿀 수 있다.

독자 여러분은 '유전'이라는 생명의 구조에 대해 태어날 때부터 정해진 능력이라고 막연히 생각하고 있지는 않은가? 물론 엄지발가락이 둘째 발가락보다 길거나 짧은 경우처럼 선천적으로 정해져 연습이나 노력으로 바꿀 수 없는 유전도 있다. 그러나 혀를 움직이는 간단한 사례에서도 알 수 있듯 아직까지 유전을 명확하게 밝혀낼 방법은 없다.

현재 분자생물학이나 생명과학, 생명공학 등 유전 관련 분야의 연구는 어마어마한 속도로 진행되고 있다. 또한 얼마 전 'iPS 세포(인공 다능성 간세포)'를 만들어낸 교토대학의 야마나카 신야(山中伸彌) 교수가 노벨 생리의학상을 수상하여 유전자에 관한 최신 연구 성과가 뉴스로 소개되는 일도 흔하다. 하지만 '솔직히 뉴스에서 대체 무슨 말을 하는지 잘 모르겠다'라고 생각하는 사람이 많지 않을까?

그래서 이 책에서는 최신 연구 성과까지 포함하여 유전에 관한 다양한 이야기를 알기 쉽고 즐겁게 읽을 수 있도록 소개했다. 뿐만 아니라 너무 초보적인 주제여서 남에게 묻기 힘든 것들도 빠짐없이 다뤘다. 이 책을 읽으면 뉴스에서 들어본 '그 연구는 무엇을 위한 것인가?', '그 연구의 어떤 면이 새롭고 흥미를 유발하는 것일까?'라는 질문의 답을 알게 될 것이다.

이 책은 딱딱한 교과서 같은 책은 아니니 흥미로운 부분부터 먼저 읽기 바란다. 그럼 이제 유전자의 세계로 들어가볼까?

감수자의 말

유전학은 언제나 현재진행형으로 급변하는 학문이다. 유전 연구를 통해 놀라운 생명의 신비는 빠른 속도로 그 모습을 세상에 드러내고 있다.

앞서 출간되었던 '재밌어서 밤새 읽는' 시리즈와 마찬가지로, 이 책 역시 우리 일상에서 흔히 접하는 유전의 예를 중심으로 어렵게만 느껴지는 이론들을 쉽고 재미있게 전개해나간다. 유전 관련 내용 중에서도 가장 흥미롭고 기본이 되는 부분을 골라 스토리텔링 형식으로 보여주며, 과학자들의 뒷이야기까지 흥미진진하게 풀어내고 있어 생명공학에 관한 지식이 없는 누구라도 쉽게

즐길 수 있다.

이 책은 유전학을 크게 세 부분으로 나누어 이야기한다. Part 1 '재밌어서 밤새 읽는 유전자 이야기'에서는 유전에 관한 이야기들 중 유전자의 이름으로 시작하여 복제 동물, DNA 수사, 암과 유전자의 관계 등을 다룬다. Part 2 '알수록 스릴 넘치는 유전자 세계'에서는 유전자 검사와 치료부터 인간 게놈과 유전자 재조합의 진실까지, 우리가 품을 수 있는 여러 가지 의문들을 선별하여 명쾌한 대답을 들려준다. 마지막 Part 3 '유전학과 DNA를 둘러싼 모험'에서는 유전학의 선구자 멘델을 시작으로 DNA와 염색체, 이중나선에서 신기한 RNA의 세계까지 크고 작은 '유전의 역사' 전반을 담아낸다.

자연과학계열 특히 생명 관련 학과 또는 의학·보건계열로 진학 및 진로를 희망하는 학생에게 이 책은 좋은 자료이자 읽을거리가 될 것이다. 더욱이 고등학교에서 생명과학Ⅱ를 이수한 학생이라면 용어나 내용이 친숙해 훨씬 흥미롭게 읽어나갈 수 있다.

끝으로 함께 감수에 참여해주신 봉화중학교 박경철 교감 선생님과 안동 길주중학교 조은하 선생님께도 감사하다는 말을 전한다.

감천중학교 수석교사 / 이학박사 정성헌

차례

Part 1 재밌어서 밤새 읽는 유전자 이야기

Part 2 알수록 스릴 넘치는 유전자 세계

Part 3 유전학과 DNA를 둘러싼 모험

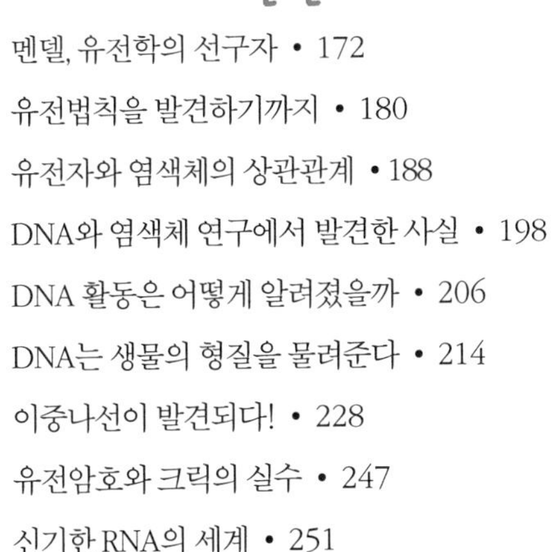

Part 1

재밌어서 밤새 읽는 유전자 이야기

iPS 세포의 어원

흔히 연구자라 하면 앞뒤가 꽉 막혀 농담도 통하지 않는 사람이라는 이미지가 있다. 하지만 대부분의 연구자는 여러분과 다르지 않으며 농담을 좋아하는 사람도 많다.

애초에 앞뒤가 꽉 막혔다면 독창적인 연구를 생각하지 못했을 것이다. 오히려 연구자들은 자신들의 연구 성과를 재미나게 전달하고 싶다는 욕구가 남들보다 훨씬 강하다(물론 내용 자체는 아주 진지하다). 그런 뜻에서 근래 가장 성공한 사례로 교토대학의 야마나카 신야 교수가 개발한 iPS 세포를 들 수 있다. 일부러 첫 알파벳을 소문자로 표기한 이유로는 야마나카 교수가 이름을 지을 당시 나왔던 애플 제품 아이팟(iPod)을 따라 한 것이라는 이야기가 유명하다.

이번 이야기에서는 유전자 이름을 주의 깊게 살펴보려 한다. 유전자 이름은 기본적으로 발견한 연구자가 자유롭게 지을 수 있다. 단, 엉터리로 이름을 붙이면 안 되기 때문에 사회질서를 거스르지 않는다든가 숫자와 로마자를 사용한다든가 하는 기본적인 명명법은 있다. 숫자는 맨 앞에 쓰지 않으며 덧붙여서 글자 수는 짧게 하도록 권장하지만 예외도 많다.

예를 들어 설명해보자. 기능을 설명하는 이름에서 영어 알파벳 머리글자가 열거된 것을 자주 발견하게 된다. 84쪽에서 소개할 유방암과 관련된 인간의 유전자 *BRCA1*은 유방암 감수성 유전자 I (Breast cancer susceptibility gene 1)에서 따온 이름이다.

쥐의 유전자는 머리글자를 대문자, 나머지를 소문자로 쓰고 이탤릭체로 표기한다. 그 때문에 같은 유전자라도 쥐를 대상으로 연구할 때는 *Brca1*이 된다. 단백질 이름은 유전자 이름과 똑같은 알파벳 대문자 서체를 세워서 나타내는 경우가 많다. 인간의 유전자 *BRCA1*이나 쥐의 유전자 *Brca1*을 발현한 단백질 이름은 BRCA1이다.

일반 독자들은 외우지 않아도 상관없지만, 엄밀히 따지면 동물 종류마다 세세하게 규칙이 다르다. 심지어 예외도 많기 때문에 그때마다 확인해야 한다. 그럼 이제부터 사소한 재미를 엿볼 수 있는 유전자 이름을 몇 가지 소개하겠다. 요즘은 연구도 세분화되면서 자신의 연구 내용을 바로 알기 쉽게 전달하는 것이 더 중요해졌다.

여러분 중에는 만화나 영화를 좋아하는 독자도 많을 것이다. 연구자들도 당연히 놀 때는 업무를 잊고 다양한 작품을 즐긴다. 그럼 먼저 독자들에게도 익숙할 유전자 이름부터 소개하겠다.

사우더 유전자

인기 만화 『북두의 권』에는 사우더라는 악역이 등장한다. 주인공 겐시로가 한 번 패하여 물러나게 만든 드문 캐릭터다. 사우더가 이길 수 있었던 이유는 그의 내장이 거울에 비친 것처럼 좌우가 반대로 되어 있었기 때문이다. 이를 내장 역위라고 한다.

겐시로의 '북두신권'은 신체 구조를 이용한 공격이기 때문에 보통 사람과는 구조가 달랐던 사우더에게 통하지 않았던 것이다(마지막에는 간파당했지만).

이처럼 사우더 유전자(*Myo31DF*^{souther})는 내장 역위와 관계된 유전자다. 초파리의 돌연변이에서 발견된 이 유전자는 현재 오사카대학의 마쓰노 겐지(松野建治) 교수가 도쿄 이과대학에서 조교수로 지내던 시절에 발견했다. 더 정확히 말하자면 초파리의 장은 나선 형태인데, 돌연변이 초파리의 장은 그 소용돌이의 회전 방향이 보통과 반대 방향이었던 것이다.

성장 과정에서 몸의 좌우를 제어하는 유전자는 그 밖에도 발견되었다. 쥐에게서 레프티(*Lefty*)라고 하여 수정 후 8.5일째에 왼쪽에만 발현되는 유전자가, 제브라피시라는 물고기에게서 왼쪽 몸에서만 발현되는 사우스포(*Spaw, Southpaw*) 유전자가 발견되었다. 전후·좌우·상하라는 조직의 위치를 정하는 메커니즘은 아직 연구 중이다.

요다 유전자

만화에 이어 이번에는 영화의 등장인물에서 유래한 이름을 소개하겠다. 이름을 보고 감이 바로 오지 않는다면 영화를 좋아한다고 할 수 없을 것이다. 바로 세계적으로 유명한 SF 영화 〈스타워즈〉에 나오는 제다이 마스터, 요다다.

요다 유전자(*YODA*)는 애기장대(조그마한 속씨식물이며 복잡한 다세포 진액생물인 데 비해 상대적으로 작은 게놈을 지니는 것이 특징이다-옮긴이)라는 식물의 돌연변이체에서 발견되었다. 애기장대도 게놈 해독이 끝난 주요 실험 생물 중 하나다. 요다 유전자가 변이되면 애기장대가 포스(일종의 초능력·초감각)를 발휘……할 리는 물론 없다. 당연히 라이트 세이버(광선검)도 휘두르지 않는다.

요다는 겉보기에는 자그마한 초록색 할아버지 같은 캐릭터다. 요다 유전자의 변이체도 야생형(형질이 변이되지 않은 개체)에 비해 극단적으로 키가 작으며 이파리도 펼쳐지지 않고 작게 웅크려 있다. 이 같은 외관을 보고 요다라는 이름을 붙인 것이다.

피카추린 유전자

이 유전자의 이름은 만화 『포켓몬스터』 캐릭터에서 따온 것이다. 당연하지만 피카추린은 피카추처럼 전기를 내뿜는 단백질은 아니다. 피카추린은 눈의 망막에서 신경 회로가 만들어질 때 활동하는 유전자다. 피카추린 유전자(*Pikachurin*)가 변이되면 동체 시력에 영향을 주어 움직이는 사물이 잘 보이지 않게 된다.

피카추는 동작이 재빠르니 당연히 피카추린(단백질)도 정상일 것이다. 물론 피카추의 눈이 우리 인간과 구조가 같을 때 이야기지만 말이다.

소닉 헤지호그 유전자

소닉 헤지호그는 텔레비전 게임에 나오는 캐릭터인데, 파란색 고슴도치(hedgehog)를 의인화한 캐릭터를 말한다. 또 음속으로 움직일 수 있다는 특징에서 '소닉(sonic)'을 붙였다고 한다. 헤지호그 유전자가 처음 발견된 패밀리(유사한 유전자 그룹)는 초파리의 돌연변이체였다.

이 변이체는 부화했을 때 온몸이 가시투성이여서 그야말로 고슴도치 같았다. 생물은 종을 뛰어넘어 닮은 단백질(유전자)을 사용하는 일이 가끔 있다. 헤지호그도 그러한 단백질 중 하나인데, 포유류에서는 세 종류가 발견되었다. 원래 패밀리끼리는 순서대로 번호를 붙이지만 헤지호그 연구자는 재미 삼아 실제로 존재하는 종에서 이름을 땄다.

첫 번째는 데저트 헤지호그(사막에 서식), 두 번째는 인디언 헤지호그(인도가 원산), 세 번째는 젊은 대학원생이 발견했는데 그때 한창 빠져 있었던 게임에서 따와 소닉 헤지호그라고 이름을 붙였다.

덧붙이자면 인간의 온몸에서도 소닉 헤지호그 유전자(Shh, Sonic hedgehog)가 발견되었다. 아직 모든 기능이 밝혀지지 않았지만 몸의 형태를 만드는 기능과 관계 있다고 추측되며, 다지증의 원인이 된다는 사실이 알려졌다.

사토리 유전자

사토리라는 말을 듣고 여러분은 무엇이 떠오르는가? 요괴 사토리(일본 전설에 등장하는 요괴-옮긴이)를 상상한 독자도 있을까? 이 유전자는 '인간의 마음을 읽는 능력'과 관련이 있다……라고 말하고 싶지만, 아쉽게도 그것은 아니다(일본어로 '사토리'에는 상대방의 마음을 꿰뚫는다는 뜻도 있다-옮긴이).

한자로 나타내면 '悟り[사토리, 깨달음 오(悟)의 일본어 표현]'인데, 초파리에서 발견된 돌연변이다. 사토리 유전자(*Satori*)의 변이는 수컷 초파리의 성행동에 영향을 준다. 이들은 놀랍게도 구애 활동을 하지 않으며 암컷에 반응하지도 않는다. 마치 세속을 끊고 수행하는 승려와 같다는 의미에서 이 변이체에 '사토리'라는 이름이 붙여졌다.

그런데 속사정을 살폈더니 사토리는 사실 수컷을 쫓아다니고 있었다. 수행하는 것이 아니라 동성애를 했던 것일까? 사토리가 수컷에 구애하는 원인을 자세히 알아봤더니, 사토리의 뇌는 암컷과 같은 상태였다. 파리의 뇌는 암수 차이가 명확하다.

아무래도 사토리는 이른바 성별 불쾌증[성 정체성 장애(GID)]이 있던 모양이다. 단, 파리와 인간은 뇌의 구조가 완전히 다른 데다 애초에 인간의 행동은 유전자 하나가 변이했다고 해서 확 바뀔 만큼 단순하지 않다. 적어도 현시점에는 유전자 변이를 안이하게 인간과 엮어서 생각해서는 안 된다.

스시 유전자

정확히 말하자면 스시 유전자(*Bp1689*)는 유전자 기호만 있을 뿐 연구자가 이름을 붙이지는 않았지만, 저명한 과학 학술지 『네이처』가 2010년 4월 8일호에서 다룬 적이 있으므로 이 책에서도 소개하겠다.

우리가 먹은 음식을 영양분으로 바꿀 수 있는 이유는 우리 몸이 소화효소(단백질)를 분비하기 때문이다. 소화효소는 특정 물질만 분해할 수 있다. 예를 들어 전분(녹말)을 엿당(포도당 2개가 결합한 이당류-옮긴이)으로 분해하는 소화효소는 아밀레이스(녹말을 분해하여 이당류를 만들며, 인간에게는 침 속에 들어 있다-옮긴이)다. 우리에게 소화효소가 없는 물질(식이섬유 등)은 위장을 그대로 통과한다. 그러나 장내세균이 소화효소를 갖고 있다면 분해물을 영양으로 바꿀 수 있다. 이 지식을 바탕으로 이어서 읽기 바란다.

사실 서양인의 장내세균에는 어떤 종류의 해초를 영양분으로 바꾸어주는 소화효소(Bp1689 단백질)가 없다. 반대로 그 *Bp1689* 유전자는 일본인의 장내세균에서 발견됐는데, 한국인의 장내세균에도 존재할 것으로 추정된다.

◆ 소화효소에 대해

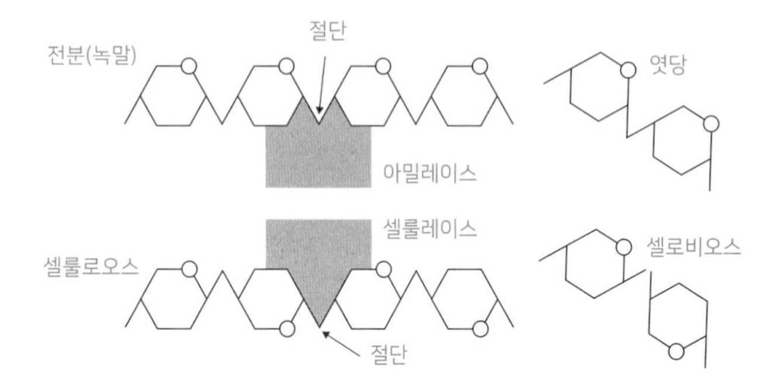

소화효소(단백질)는 입체 구조(3차원으로 나뉜 분자 구조-옮긴이)에서 분자를 인식하여 자신에게 유효한 분자만을 분해한다. 예를 들어 인간은 셀룰레이스(셀룰로오스와 같은 것을 분해하여 포도당 등으로 만드는 효소의 총칭-옮긴이)가 없으므로 직접적으로 셀룰로오스(식물섬유의 동류이자 탄수화물의 한 종류인 식이섬유를 일컬으며 소화되지는 않지만 우리 몸에 꼭 필요한 영양소-옮긴이)를 영양분으로 바꿀 수 없다.

※ 그림에 나온 효소 형태는 상상한 모습이다.

해양 미생물의 경우, 해초를 분해하여 영양분으로 바꾸기 위해 *Bp1689* 유전자를 가지고 있다. 이 유전자가 일본인의 장내세균에 있는 원인은 일본인의 식생활에서 유추할 수 있다.

일본의 대표 음식이 회라는 데서 알 수 있듯 일본에는 해산물을 날로 먹는 문화가 있다. 놀랍게도 *Bp1689* 유전자를 보유한 해양 미생물을 먹어 장내세균과 해양 미생물이라는 다른 종 사이에서 유전자 재결합(143쪽 참조)이 일어난 모양이다. 스시 유전자라고 소개된 것은 이러한 이유 때문이다.

자연스레 일어난 유전자 재결합 덕분에 일본인은 체내에서 해조류를 영양분으로 바꿀 수 있다. 반대로 말하면 서양인에게 해초는 칼로리가 전혀 없는 식품이다. 그렇다면 다이어트를 할 때 어느 쪽이 더 유리한 걸까?

스시 1 레트로트랜스포존

마지막으로 회에 관한 이야기를 하나 더 하겠다. 트랜스포존(Transposon, 게놈 내에서 위치를 이동할 수 있는 유전자-옮긴이)은 염색체 위를 이동하는 유전자로 바이러스 감염의 흔적이라고도 불린다. 이 유전자에는 스시(sushi)라는 이름이 붙었는데, 경골어류(硬骨魚類, 골격이 단단한 어류-옮긴이)인 복어에서 발견되었다. 스시 1에서 스시 3까지 있다고 한다. 뉴질랜드의 과학자가 발견했다고 하는데, 일본 음식을 좋아했던 걸까? 사실 이 유전자의 기능은 회와 아무 상관이 없다.

포유류가 태반을 만들 수 있었던 이유는 트랜스포존에 있는 유전자 덕분이라는 이야기가 있다. 예를 들어 스시 1(*Sushi-ichi*) 레트로트랜스포존에서 생겨난 것으로 보이는 *Peg10*(Paternally expressed gene 10) 유전자가 변이하면 포유류 암컷은 태반을 만들 수 없게 된다.

*Peg10*은 이미 염색체 위를 이동하는 능력을 잃었기 때문에 이제 유전자가 파괴될 염려는 거의 없다. 원래는 위험한 바이러스였던 것이 현재는 우리에게 반드시 필요한 존재가 되었다니, 생명이란 참으로 신비롭다.

불로장생을 둘러싼 진실 공방

인류의 마지막 꿈은 불로장생이라고 하는데, 영원히 살기란 불가능하다고 하더라도 건강하게 오래 살 수 있다면 그보다 좋은 것이 어디 있겠는가? 그러나 여러 가지 건강법이나 건강식품이 넘쳐흐르는 오늘날, 의심쩍은 것들이 수두룩하다.

그중 시르투인(Sirtuin)이라는 유전자가 있는데 다양한 텔레비전 프로그램에서 다룬 탓에 세간에는 '시르투인 유전자가 활성화되면 장수한다'고 믿는 사람들이 있다. 그러나 그것은 오해다. 시르투인이란 원래 단백질의 이름으로 시르투인 단백질을 만드는 유전자에는 *Sir2*(지렁이나 파리)나 *SIRT1*(포유류)이라는 이름이 붙어 있다.

그렇다면 수명을 연장하는 방법은 없을까? 일단 칼로리를 제한하면 수명이 길어진다는 사실은 원숭이 실험으로 확인되었다. 흔히 오래 살려면 과식하지 말고 위장의 80퍼센트만 채워야 한다고 하는데, 이 실험의 결과는 오히려 70퍼센트로 칼로리를 줄이는 것이 장수의 비결이라는 이야기의 근거가 되었다.

그러나 이 원숭이 실험에는 중요한 점 두 가지가 있었다.

첫 번째는 태어난 직후 칼로리 제한을 시작했다는 점이다. 즉, 이 실험은 '어른이 된 후 칼로리를 제한해 수명이 늘었다'는 가설을 뒷받침할 수 없다.

두 번째로는 필요한 영양소를 줄이지 않았다는 점으로, 단순히 식사량을 30퍼센트 줄이는 것이 전부가 아니라는 뜻이다. 실험에서는 영양학적으로 정확히 계산된 영양소를 기준으로 칼로리만 30퍼센트 줄였다. 비타민, 미네랄, 필수 아미노산, 필수 지방산 등은 부족해지면 병에 걸린다.

무엇보다 원래부터 소식가인 사람이 있는가 하면 대식가도 있는 법이다. 이렇게 다양한 사람들이 똑같이 30퍼센트를 줄인다는 것도 참 억지스러운 이야기다. 증명되지도 않은 가설을 믿고 그대로 받아들인 노인이 오히려 영양실조로 건강을 해쳤다는 웃지 못할 사연도 있다.

부디 이 책을 읽는 독자 여러분은 '평소 먹는 식사량의 30퍼센트를 줄이면 오래 살 수 있다'는 안이한 생각은 하지 말기 바란다. 아주 위험하니 말이다.

태어나자마자 시작해야 한다고는 하지만, 왜 칼로리를 제한하면 오래 살 수 있을까? 시르투인(단백질)이 중요한 작용을 한다고 생각한 사람은 레너드 개런테(Leonard Guarante)였다. 그는 자신의 연구에서 "칼로리를 제한하면 시르투인이 활동한다고 한다. 즉 칼로리 제한이 노화를 방지할지도 모른다!"라고 주장하며 주목을 받았다.

그러나 개런테의 연구는 2011년에 다른 연구자가 자세히 실험해 나온 결과로 인정받지 못하게 되었다. 그가 실험을 날조했다는 의미는 아니다. 개런테의 실험 방법이나 결과 해석이 완전하지 못했던 것이다. 알기 쉽게 설명하면, 그의 실험에서 수명과 시르투인이 늘어난 것은 사실이었지만, 다른 실험에서 시르투인이 늘지 않아도 수명이 는다는 것이 확인되었다. 요컨대 시르투인과 수명의 길이는 상관관계가 없다는 뜻이다.

그 후 개런테는 기름진 음식을 많이 먹는 것으로 인한 악영향이나 노화에 따른 대사 쇠퇴를 막는 것이 시르투인의 역할일지도 모른다는 실험 결과를 제시했다. 이러한 기능은 건강에 아주 중

◆ 시르투인 단백질에 관한 사실 관계

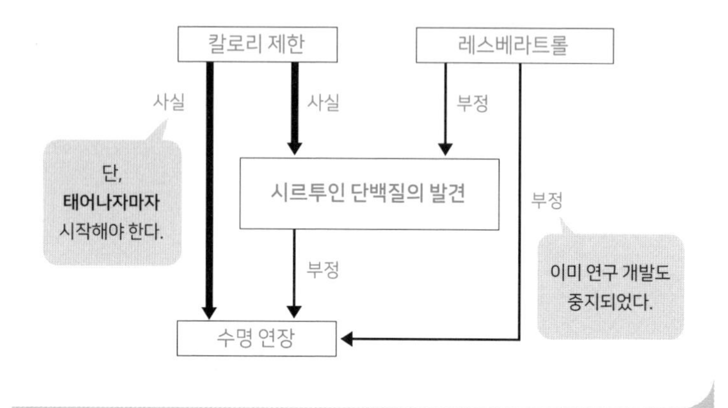

요한데 수명 연장과는 상관없다는 것이 오히려 의아할 정도다. 이 말은 곧 생명의 구조란 어떤 단백질 하나를 움직이는 정도로 수명이 연장될 만큼 단순하지 않다는 뜻이다.

개런테의 주장이 혼란에 빠진 이유는 바로 장수와 시르투인 관계에 '레스베라트롤'이라는 물질이 끼어들었기 때문이다. 레스베라트롤은 시르투인을 늘려주는 역할을 한다고 한다. 레스베라트롤이란 레드 와인에 함유된 폴리페놀이다. 폴리페놀은 화학물질을 분류하는 이름으로 여러 식품에 함유되어 있다(차나 과일 등이 유명하다). 아이돌 가수에 비유하면 폴리페놀은 그룹의 이름이고 레스베라트롤은 소속 멤버의 이름인 셈이다.

시르투인의 정체

이제 이야기를 정리하겠다. 먼저 칼로리를 제한하면(수단) 시르투인 단백질을 만드는 유전자가 작용하여(메커니즘) 오래 살게 된다(결과)는 주장이 나왔다. 그러나 칼로리를 제한하기란 아주 어려운 일이다. 그때 레스베라트롤이 *Sir2*를 움직이게 만든다는 실험 결과가 발표되었다.

즉, 힘겹게 칼로리 제한을 하지 않아도 레스베라트롤이 장수의 수단이 될 수 있다는 이야기가 된다. 그러나 앞서 설명했듯 시르투인은 수명 연장과 관계가 없다. 메커니즘 자체가 부정당한 것이다.

시르투인과는 다른 메커니즘으로 레스베라트롤이 장수에 영향을 미친다면 괜찮을 수도 있다. 그러나 아쉽게도 2014년 5월, 레스베라트롤은 건강 증진 효과나 장수와 관계없다는 연구 결과가 보고되었다. 게다가 개런테의 연구 결과가 부정당하기 전인 2010년에는 레스베라트롤을 연구하던 제약회사도 임상 연구를 중단했다(일부 치료 임상 시험에서 안전성에 문제가 있던 모양이다). 현재는 기초 연구를 하던 분야도 폐쇄되었다고 한다.

앞의 내용을 종합해보자. 어른으로 성장한 후 칼로리를 제한하는 것이나 레스베라트롤 섭취는 장수를 보장하지 않는다. 따라서 장수에 효과가 있다는 근거로 시르투인을 인용한 건강식품은 잘못된 정보를 내세웠다는 뜻이다.

물론 건강식품이나 보충제를 기호품처럼 애용하는 것까지 부정할 생각은 없다. 병은 마음으로부터 비롯된다는 말도 있으니 말이다. 그러나 치료약이나 예방약과 달리 과학적 근거가 없는 것들이다. 적어도 적극적으로 추천하고 싶지는 않다.

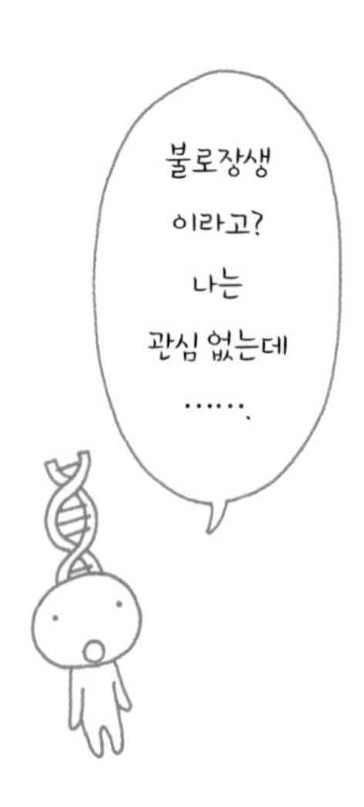

고양이의 털색은 어떻게 정해질까?

'고양이와 유전자'라는 말을 들으면 삼색 얼룩 고양이를 떠올리는 독자도 있을 것이다. 그런데 삼색 얼룩 고양이 중에는 수컷이 무척 드물다. 고양이를 좋아하는 사람들 사이에서는 상당히 유명한 이야기다.

하지만 왜 드문지 그 이유를 전부 아는 사람은 의외로 적을 듯하다. 이 기회에 삼색 얼룩 고양이의 탄생 메커니즘과 삼색 얼룩 수고양이가 드문 이유를 차근차근 설명해보겠다.

가장 일반적인 삼색 얼룩 고양이는 단모종인 일본 고양이로, 흰 바탕에 검정과 갈색 털이 얼룩져 있는 경우가 많다. 정확히 말하면 흰 바탕이 아니라 검정과 갈색 바탕에 흰색 얼룩이지만 말이다. 검정 대신 짙은 갈색이 들어간 고양이도 있는데, 그런 고양이는 기지 삼색 고양이라고 부른다.

고양이의 털색을 정하는 유전자에는 아홉 종류가 있다. 간단히 설명하기 위해 여기서는 흰색 얼룩 유전자(S/s)와 갈색 털 유전자(O/o), 검은 털 유전자(B/b/bˡ), 이렇게 세 종류의 관계만 설명하겠다. 기호의 알파벳 대문자는 우성 유전자고, 소문자는 열성 유전자다. 덧붙여 설명하면 우성/열성은 좋음/나쁨이 아니라 유전자가 발현하기 쉽다/어렵다의 순서를 나타낸 것뿐이다.

B는 Black(검은색), S는 Spotting(얼룩)의 머리글자다. 왜 갈색은 O일까? 이런 의문이 생긴 독자도 있을 것이다. 사실 일본에서는 그 색을 갈색이라고 표현하지만 다른 나라에서는 주황색으로 본다. 아마도 색의 명도, 채도의 관계 때문일 것이다. 때문에 O는 Orange(오렌지)의 머리글자다.

세 유전자 중 가장 영향력이 큰 유전자는 흰색 얼룩이다. 우성 호모(SS)(동형 접합, 한 형질에 대해 동일한 유전자를 가진 경우)나 헤테로(Ss)(이형 접합, 한 형질에 대해 다른 형태의 유전자를 가진 경우)일 때는 다른 유전자가 무엇이든 상관없이 색배열에 흰색 얼룩이 들어간다. 열성 호모(ss)일 때는 흰색 얼룩이 들어가지 않는다. 참고로

SS의 흰색 얼룩은 Ss보다 넓게 퍼진다. 이처럼 대립유전자가 헤테로일 때 중간 형질이 발현되는 것을 '불완전 우성'이라고 한다.

다음으로 영향이 큰 유전자는 갈색 털 유전자인데, 우성 호모(OO)일 때는 색배열에 갈색이 들어가고, 열성 호모(oo)일 때는 다른 유전자에 따라 색이 결정된다. 갈색 유전자가 헤테로일 경우는 조금 복잡해지니 나중에 다시 설명하겠다.

검은 털의 대립유전자에는 세 종류가 있다. 우성 유전자 B(검은색), 제2우성 유전자 b(짙은 갈색), 열성 유전자 b^-(밝은 갈색 · 계피색)이다. 흰색 얼룩 유전자와 갈색 유전자가 모두 열성 호모(ss에 oo)일 때, 검은 털 우성 호모(BB) 및 우성과 제2우성 헤테로(Bb) 혹은 열성과의 헤테로(Bb^-)는 온몸이 새까매진다. 제2우성 호모(bb) 및 제2우성과 열성 헤테로(bb^-)는 짙은 갈색, 열성 호모(b^-b^-)는 계피색이 된다.

삼색 얼룩 수고양이가 없는 이유

이제 삼색 얼룩 고양이가 태어나는 메커니즘을 설명하겠다. 먼저 다음 두 가지 사항을 기억해두기 바란다. 첫 번째는 유전자의 본체인 DNA가 염색체라는 덩어리에 포장되어 있다는 사실이다. 두 번째는 염색체가 성별을 결정하는 성염색체(X 염색체와 Y 염색체) 그리고 성염색체 이외의 상염색체로 나뉜다는 사실이다.

그런데 검은 털 유전자(B/b/b⁻)와 흰 얼룩 유전자(S/s)는 각각 다른 상염색체 위에 있지만, 갈색 털 유전자(O/o)는 성염색체(X 염색체) 위에 있다. 포유류인 고양이의 경우, 성염색체는 수컷이 헤테로(XY)이고 암컷이 호모(XX)다. 수컷의 X 염색체 위에는 대립유전자가 없다. X가 하나이기 때문이다. 다시 말해 암고양이에는 갈색 털 유전자 패턴이 우성 호모(OO) · 헤테로(Oo) · 열성 호모(oo)로 세 종류가 있지만, 수고양이는 우성(O□) 아니면 열성(o□)으로 두 종류뿐이다(□은 빈자리-옮긴이).

따라서 앞에서 설명을 미뤘던 갈색 털 유전자의 헤테로는 기본적으로 암고양이에만 존재한다. 그리고 이야기를 복잡하게 만드는 것이 X 염색체의 불활성화라는 현상이다. X 염색체의 불활성화는 암컷 세포에만 일어나는 현상인데, 2개의 X 염색체 가운데 한쪽 유전자 발현이 완전히 억제(마스크)되는 것을 말한다.

어느 쪽 X 염색체가 마스크될지는 세포에 따라 제각각이며, 발생 초기인 수정란부터 배아 시기에 정해지면 그때부터 평생 변하지 않는다. 이렇게 유전자만으로는 결정되지 않는 유전자 발현 제어를 '후성유전학(Epigenetic)'이라고 한다.

즉, 갈색 털 유전자가 헤테로(Oo)일 때는 O나 o 중 하나를 발현하는 모근 세포가 뒤죽박죽으로 분포하기 때문에 O세포의 털색은 다른 유전자에 따라 결정된다. 이번 이야기의 경우에는 갈색과 검정색 두 가지 색깔의 얼룩이 되는 것이다. 이때 우성인 흰색 얼룩 유전자가 발현하면 갈색과 검정 바탕에 세 번째 색인 흰색이 더해져 삼색 얼룩 고양이가 탄생한다. 참고로 검은 털 유전자가 제2우성(bb, bb⁻)이면 기지 삼색 얼룩 고양이가 된다.

여기까지 설명을 읽었다면 일반적으로 삼색 얼룩 수고양이가 왜 존재하지 않는지 이해할 수 있을 것이다. 다시 말해 수고양이는 X 염색체가 하나뿐이므로 갈색과 검정 모자이크(체세포 돌연변

◆ 삼색 털 고양이가 되는 조건

- 우성 흰색 얼룩 유전자(S)와 검은 털 유전자(B, b, b⁻)를 가질 것
- 갈색 털 유전자가 헤테로 접합(Oo)일 것

※ 갈색 털 유전자는 X 염색체 위에 있기 때문에 헤테로 접합이 되는 경우는 X 염색체를 2개 갖는 암컷(XX), 혹은 클라인펠터 증후군이 있는 수컷(XXY)뿐이다.

이 때문에 유전적으로 대립하는 두 가지 형질이 한 개체에 부분을 달리하여 나타나는 현상-옮긴이)는 나타나지 않는 것이다(흰 얼룩은 들어간다).

그렇다면 삼색 얼룩이 있는 수고양이는 어떻게 태어날까? 이따금 정상적인 염색체 수(2개가 한 쌍)를 가지지 않은 고양이가 태어난다(이수체). 그중에는 클라인펠터 증후군이라고 하여 일반 수고양이보다 X 염색체가 많은 질환이 있는 고양이가 있다. 예컨대 성염색체가 XXY처럼 3개일 때가 있다. 클라인펠터 증후군의 수고양이라면 X 염색체가 2개이므로 갈색 털 유전자가 헤테로(Oo)이고, 우성인 흰색 얼룩 유전자(SS, Ss)를 가진 경우에는 삼색 얼룩 고양이가 된다.

클라인펠터 증후군이라는 희귀한 증상이 있는 데다 삼색 얼룩 고양이가 될 가능성이 있는 유전자가 조합됐을 때만 삼색 얼룩 수고양이가 탄생한다. 클라인펠터 증후군은 정자 결핍증이 함께 나타나기 때문에 삼색 얼룩 수고양이가 자연 번식으로 새끼를 만들기란 불가능에 가깝다. 만에 하나 새끼를 가졌다 해도(인공수정으로는 가능하다) 클라인펠터 증후군은 우연히 일어나는 질환이므로 삼색 얼룩 수고양이가 태어날 가능성은 거의 없다.

삼색 얼룩 수고양이가 태어날 또 다른 가능성으로는 갈색 털 유전자가 X 염색체에서 Y 염색체로 상동 재조합을 한 경우를 들 수 있다. 보통 X 염색체와 Y 염색체의 상동 재조합은 일어나지 않

◆ 삼색 얼룩 고양이의 털 한 가닥에서 보이는 유전자 발현

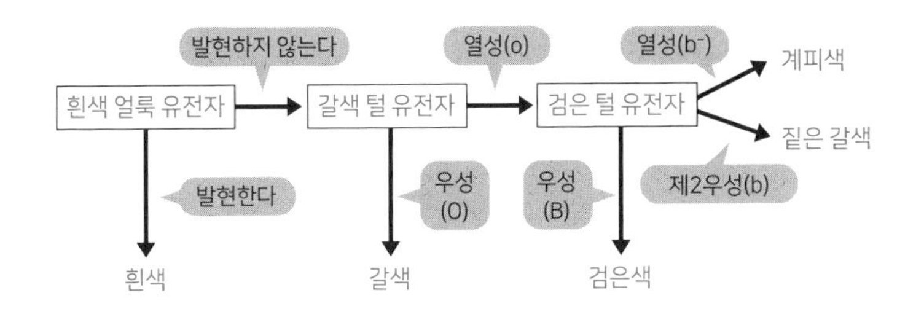

※ 흰색 얼룩 유전자의 발현과 갈색 털 유전자의 우성, 열성은 발생 초기에 무작위로 결정된다.

지만, 아주 낮은 확률로 발생할 때가 있다. 아무튼 두 경우에서 볼 수 있듯 삼색 얼룩 수고양이는 무척 희귀한 존재다.

귀하게 여겨지는 고양이 중에는 금눈 은눈(金目銀目)이라는 형질도 있다. 영어로는 오드 아이(Odd-eye)라고 한다. 정식 명칭으로는 홍채 이색증이라고 하며, 좌우 눈의 홍채 색이 다른 증상인데 인간에게 발생하기도 한다. 한쪽 눈은 푸른색이나 회색, 다른 한쪽 눈은 갈색·주황색·노란색(호박색)·녹색 중 하나인 경우가 많다. 일본에서는 특히 노란색과 회색 조합을 금눈 은눈이라 부르며 귀중하게 여긴다.

원래 홍채 색은 멜라닌 색소의 양으로 결정되는데, 갈색 → 주황색 → 노란색 → 초록색 → 회색 → 파란색 순서로 색소가 적어진다. 아주 드물게 멜라닌 색소가 무척 옅으면 혈관이 비쳐 보라색 홍채가 되기도 한다. 여기서 보라색이란 정확하게 옅은 청보라색을 말한다. 배우 엘리자베스 테일러가 자줏빛 눈동자로 유명했다. 멜라닌 색소가 거의 없는 백색증(알비노)인 경우에는 홍채가 불그스름하게 보인다.

다시 홍채 이색증 이야기로 돌아가 보자. 사실 홍채 이색증은 바르덴부르크 증후군이라는 유전병이 있는 환자에게 많이 나타난다. 사고 등을 겪은 탓에 후천적으로 홍채 이색증이 생기기도 하는데, 기본적으로는 예외적인 경우다.

후천성 홍채 이색증이 있는 유명인으로는 뮤지션 데이비드 보위가 있다. 그는 15세 때 싸움을 벌였는데, 이 때문에 왼쪽 눈 시력을 거의 잃었다. 그때의 후유증으로 홍채가 열려 양쪽 눈동자 색깔이 다르게 보인다.

복제 사업의 현재

다시 바르덴부르크 증후군 이야기로 돌아가 보자. 이 증후군을 앓는 환자는 청신경에 장애가 있는 경우가 많은데, 이때는 홍채 색소가 옅은 쪽(파란 눈 쪽) 귀에 난청이 생긴다. 동물도 마찬가지다. 희귀한 외모로 인기가 있다고는 해도 어디까지나 질환의 한 증상이다.

고양이는 아니지만 애완동물로 인기 있는 페럿은 유전적으로 바르덴부르크 증후군에 걸리기 쉽다고 알려져 있다. 페럿은 홍채이색증이 나타나지는 않는다. 그러나 체모나 머리 형태에 관해 선호도가 높다는 이유로 일부러 질환이 있는 페럿을 교배하는 사육사가 많다. 가게에서 매매되는 페럿은 네 마리 중 세 마리가 난청이라는 자료도 있다고 한다. 동물을 애호하는 입장에서 생각해볼 만한 문제다.

예전에 한 회사의 복제 사업이 세간의 화제로 떠오른 적이 있었다. 이제는 복제라는 말도 어느 정도 사회에 정착한 듯한데, 정확한 뜻을 이해하는 사람은 적은 것 같다.

SF를 좋아하는 독자라면 '자신과 똑같은 인간을 인공적으로 만든다'는 설정에 익숙할 것이다. 복제 사업이 의뢰자의 복제 인간을 만드는 사업인 줄 알고 놀란 독자도 있을 텐데, 그렇게 온당하지 못한 장사는 내가 아는 한 존재하지 않으니 안심하기 바란다.

그 회사가 복제를 만들어 판매하려 한 것은 사실이지만 대상은 반려동물이었다. 말하자면 사람들이 애지중지하던 고양이나 강아지가 죽은 후 복제 재생을 하는 사업이었다. 그러나 사업은 생각만큼 잘되지 않았다.

왜였을까? 독자 여러분은 짐작이 가는가? 물론 비용이나 윤리 문제는 아니다. 정답은 복제를 이해하지 못했기 때문이었다.

생물학에서 말하는 복제란 완전히 똑같은 게놈을 가진 개체를 일컫는다. 게놈이란 그 개체를 구성하는 유전자의 전체 세트를 말한다. 일반적으로 생물은 암수라는 두 가지 성별이 있기 때문에 부모에게서 염색체 형태의 게놈을 한 쌍씩 받아 두 쌍을 갖고 있다(이배체). 현실 세계에서는 인공 복제 인간이 탄생하지 않았지만, 실험동물이나 가축에서는 이미 복제가 당연한 존재다.

'인공'이라는 말을 일부러 붙인 데는 이유가 있다. 왜냐하면 당연하게도 '천연' 복제가 존재하기 때문이다. 애초에 미생물(단세포 생물)이 세포분열을 하여 개체수를 늘리는 것은 복제하는 것과 같다(무성생식). 또한 쌍둥이나 세쌍둥이 등의 일란성 다태아 역시 복제다.

일란성이라는 용어에는 하나였던 수정란이 세포분열 초기에 두 개체로 갈라졌다는 의미가 담겨 있다. 다시 말해 같은 세포에서 복수의 개체가 생겨났다는 뜻이다. 수정란은 분화전능이라고 하여 개체 발생에 필요한 모든 능력을 갖추고 있다. 세포분열을 여러 번 하는 동안에는 분화전능이 유지된다. 이때 어느 시기에 이르러 각 세포가 독립해 한 번 더 세포분열을 시작하는 것이 일란성 다태아다.

사실 축산 분야에서는 이 현상을 이용하여 인공적으로 쌍둥이나 세쌍둥이를 만든다. 더 정확하게 말하면 핵을 제거한 다른 미수정란에 형질이 우수한 수정란의 핵을 이식한다. 젖이 잘 나오는 소나 육질이 좋은 소를 복제해서 품질 관리를 안정화하는 것이 목적이다. 이러한 복제는 '수정란 복제'라고 부른다.

복제 양 돌리와 iPS는 어떻게 다를까?

수정란 복제로 탄생한 동물은 이른바 유전자 재조합(143쪽 참조)으로 만든 동물과는 다르다. 애초에 대상이 되는 형질 선발은 고대부터 해왔던 육종(유전적 성질을 이용해 새로운 품종을 개량하는 기술)으로 시행하고 있으며 생물학적으로는 쌍둥이나 세쌍둥이와 다르지 않기 때문이다. 다른 점을 들자면 유전적으로 직접 관계없는 암소의 배를 빌려 한 번에 품종을 몇 마리나 만들어낼 수 있다는 점 그리고 타이밍을 엇갈리게 하면서 만들어낼 수 있다는 점이다(수정란은 냉동 보존이 가능하다).

기본적으로 수정란 복제는 인공수정에 따른 작출(作出)과 다르지 않아서 유전자와 상관없는 것들뿐이다. 이러한 수정란 복제와는 전혀 다른 것이 체세포 복제다. 세계 최초의 체세포 복제 동물

(포유류)은 1996년 태어난 돌리라는 양이었다.

체세포 복제란 수정란처럼 원래부터 개체에서 발생하는 세포를 바탕으로 한 복제가 아니라, 분화가 진행된 최종 단계 세포에서 만드는 복제를 말한다. 보통 그러한 체세포의 염색체에는 개체를 발생하는 능력이 없다.

따라서 이식하는 핵의 분화전능을 부활하게 만드는 것이 열쇠다. 그러나 돌리를 만든 방법으로는 복제에 성공하더라도 생물이 노화된 세포를 갖고 태어나게 된다는 지적도 있다. 확립된 기술이라고 하기에는 아직 갈 길이 멀다.

여기서 '2006년에 개발된 iPS 세포를 쓰면 될 텐데' 하고 생각하는 독자도 있을 것이다. 그러나 iPS 세포는 분화전능 세포가 아니라 분화다능성 세포이므로 개체를 발생하지는 못한다.

간단히 설명하면, 분화전능은 태반 등 태아를 기르는 장기가 되는 능력과 몸을 만드는 능력을 고루 갖췄지만, 다능성은 몸을 만드는 능력만을 갖춘 것이다. 따라서 iPS 세포는 수정란에서 약간 분화가 진행된 세포라고 생각하면 된다. iPS 세포를 사용해 생식세포(난자나 정자)를 만들 수 있으므로 이론상 iPS 세포로 만든 생식세포를 수정하여 복제하는 일은 가능하다. 그러나 생식세포가 성숙하려면 정소나 난소가 필요하고, 물론 수정란에서 개체가 되려면 자궁이 필요하다.

여기까지 복제에 대해 설명했는데, 앞에서 이야기한 복제 사업이 실패한 데는 작출이 어렵다는 이유만 있던 것은 아니다. 사실 복제라고 해도 완전히 같은 개체가 생기는 것은 아니라는 이야기가 있다.

생활환경까지 완전히 같을 수는 없기 때문에 적어도 마음, 즉 뇌의 발달은 똑같지 않을 것이다. 뇌의 시스템 전부를 해석하여 복사하는 기술은 아직 SF 영화에나 존재한다. 뇌 외에 세포 레벨에서 게놈이 같은데도 똑같이 성장하지 않는 부위도 있다. 이는 공업 제품과 생물의 차이점으로 볼 수 있다.

생물은 같은 설계도를 토대로 같은 공장에서 조립하더라도 저마다 미세한 차이가 생긴다. 구체적인 예를 들면, 사람의 지문이나 홍채 주름, 모세혈관의 혈액 흐름 등은 쌍둥이라도 완전히 동일하지는 않다.

그러니까 DNA에 따른 유전자의 발현은 선천적으로 정해져 있을 뿐 아니라 후천적으로 조절되는 메커니즘도 있다. 후천적 조절에 따라 유전자(DNA) 자체는 변하지 않지만 유전자 발현이 변화한다. 후천적인 유전자 발현 조절을 연구하는 분야가 바로 후성유전학이다.

다시 설명하자면 다세포 생물을 구성하는 각 세포는 주변 세포와 상호작용하여(혹은 무작위로) 각 세포 내에서 어떤 유전자가 어떻게 발현할지를 결정한다.

후천적인 유전자 발현은 음악가의 연주로 비유하자면 즉흥 연주라고 할 수 있다. 대개는 DNA라는 악보를 충실히 연주하는데, 라이브 공연장 분위기에 맞춰 즉흥 연주를 하는 것이 후성유전학이라고 이해하면 될 것이다. 앞서 언급한 X 염색체의 불활성화나 세포분화 및 초기화도 후성유전학의 한 예다.

지금까지 복제에 관해 알아봤으니 왜 복제 사업이 실패했는지 짐작될 것이다. 삼색 얼룩 고양이 이야기도 생각해보기 바란다.

한 마리 한 마리의 개성 있는 체모 형태는 후성적 유전자 발현에 따라 결정된다. 곧 유전자가 같은 반려동물의 복제 동물을 만들더라도 생전과 완전히 똑같을 수는 없다. 만약 털색이 단색이었다면 의뢰자도 이해했을지 모르겠지만, 현재 기술로는 원리적으로 애지중지했던 고양이의 모습 재현이 불가능하기 때문에 복제 사업은 실패하고 말았다. 역시 주인에게 둘도 없는 반려동물은 인생에 단 한 마리뿐인가 보다.

키메라 동물 만들기의 가능성

가면 라이더도 키메라?!

SF 작품에서는 동물의 특수한 능력을 사용하는 주인공이나 악당을 흔히 볼 수 있다. 예를 들어 인기몰이를 했던 TV 드라마 시리즈 〈가면라이더〉를 생각해보자. 주인공인 가면라이더 1호와 2호는 메뚜기의 능력을 부여받은 개조 인간이었고, 악역 조커의 괴인들도 여러 가지 동물이나 식물을 모티브로 했다.

이런 모티브는 지금도 만화나 애니메이션, 특수 촬영 드라마에 이르기까지 숱하게 쓰이고 있다. 사실 다양한 생물이 뒤섞인 괴물이나 영묘한 동물에 관한 상상은 예로부터 동양과 서양을 막론하고 비슷했다.

일본에는 누에(鵺)라고 하여 원숭이 머리에 너구리의 몸, 호랑이의 팔다리에 뱀의 꼬리를 가진 괴물이 있고, 서양에도 사자 머리에 양의 몸, 독사의 꼬리를 가진 키마이라가 있다. 이 키마이라(Chimaera)가 바로 여러 가지 생물의 특징을 모두 가졌다는 뜻을 지닌 키메라(Chimera)의 어원이다. 이미 들어본 독자도 많을 것이다. 사실 생물학에서 키메라는 정식 명칭이기도 하다.

아마 독자 여러분이 궁금한 부분은 다양한 생물의 특징을 모두 가진 키메라 동물을 만드는 것이 과연 가능할까 하는 점일 것이다. 누에나 키마이라만큼 극단적인 존재는 제쳐두고, 기본적으로 근연종(생물 분류 계통상 가까운 관계로 분류되는 종-옮긴이)인 경우에는 종을 초월한 교배도 가능할 때가 있다.

흔히 '염색체 수가 다르면 생식할 수 없다'는 말이 있는데, 사실 예외도 상당히 많다. 유명한 동물로는 수나귀와 암말이 교배해 나온 노새가 있다. 당나귀의 염색체는 62개인데 말은 64개다. 노새의 염색체는 63개가 되므로 불임이라는 속설도 있다. 그 밖에 프르제발스키말(66개)과 집말(가축화된 현재의 말, 64개)의 잡종의 염색체는 65개인데, 번식이 가능하다.

고양잇과의 대형 동물들은 염색체 수가 같다. 호랑이 · 사자 · 재규어 · 퓨마 · 표범은 모두 38개다. 자연계에서 이들이 번갈아 번식하는 일은 거의 없다. 교배하지 못하는 것은 아니지만, 태어나는 개체는 불임이다.

요컨대 아직도 모르는 것 투성이인 것이 현실이다. 아마 유전자 레벨이나 세포 레벨에서 종의 독자성을 유지하는 구조가 있으리라 추측할 뿐이다.

생물학적으로 키메라를 정의하면, 서로 다른 유전정보를 가진 세포가 혼재된 개체를 말한다. 한 생물에 다른 게놈을 가진 세포가 섞여 있다는 뜻이다. 최근에는 넓은 의미로 분자 레벨(단백질 등)에서 유래가 다른 부분이 섞여 있는 것을 키메라 분자라고 부르기도 하는 듯하다.

인간에도 키메라가 있다

그 밖에도 고양이 털색의 경우 발현 유전자가 다른 세포가 혼재하는데, 이때는 키메라가 아니라 모자이크라고 부른다. 키메라는 게놈이 다른 세포가 혼재된 것이고, 모자이크는 같은 게놈이라도 발현 유전자가 다른 세포가 혼재된 것을 말하는 것이다.

종을 초월한 키메라는 상상의 산물이라 치더라도, 같은 종 안에 있는 키메라는 희귀하지만 존재한다. 예를 들어 인간 키메라도 있는데, 이란성 쌍둥이에게서 이따금 볼 수 있는 현상이다. 이란

성 쌍둥이는 서로 게놈이 다르다.

그러나 엄마의 뱃속에서 성장할 때 혈액을 만드는 기초 세포가 섞여 골수에 정착하는 일이 있다. 그때는 피부 등 다른 세포가 가진 염색체에 쓰인 유전정보와 실제 몸속에 흐르는 피의 혈액형이 다를 가능성이 있다.

비슷한 상황이 백혈병을 치료할 때도 일어난다. 치료가 끝난 골수세포는 원래 갖고 있던 세포와는 다른 게놈을 갖고 있으므로 당연하다면 당연한 사실이다. 골수를 이식할 때 중요한 점은 백혈구 모양이 일치하는가 아닌가 하는 점이다. 반드시 ABO식 혈액형이 일치하지 않더라도 이식할 수 있기 때문에 체세포의 게놈에 쓰인 혈액형과 바뀌는 것이다.

또한 복수의 수정란이 융합함으로써 온몸의 세포가 키메라가 되는 일도 있다. 예를 들어 극히 드물지만 체외수정으로 태어난 아이나 한쪽이 흡수된 쌍둥이도 태어나는 듯하다(건강상 문제는 없을 것이다).

때때로 곤충과 같은 절지동물 중에서 왼쪽과 오른쪽의 암수가 다른 개체로 태어나는 일이 있다. 겉모습을 보면 놀랄 수도 있지만, 이것은 키메라가 아니라 성적 모자이크라는 현상이다. 온몸의 세포는 같은 게놈을 갖고 있지만, 어째서인지 좌우의 성 발현이 다른 사례다.

생물학을 발전시키는 기술 중에는 유전자 재조합 기술이 있다. 유전자 녹인 마우스(KI 마우스, Knock-in mouse) 혹은 유전자 녹아웃 마우스(KO 마우스, Knock-out mouse)가 유명하다. 대표적인 KI 마우스로는 평면 해파리에서 분리한 녹색 형광 단백질(GFP)이 온몸의 세포에 발현하는 GFP 마우스가 있다. GFP는 2008년에 노벨 화학상을 받은 시모무라 오사무(下村脩)가 연구한 것으로 유명하다.

그러나 생물에 다른 종의 유전자를 도입하여 그때까지 존재하지 않았던 다양한 형질을 발현하게 만들 수는 있어도, 페가수스처럼 말의 몸에 새의 날개가 돋아나게 할 수는 없다. 그렇게 생명을 자유자재로 조종할 만큼 과학이 발달하지는 않았다. 애초에 인간이 창조하는 조형은 생물학적으로 만들 수 없는 것들이 너무 많다. 어쨌거나 괴물을 상상했던 옛날 사람들에게는 발생학이나 해부학에 관한 지식이 없었으니 어쩔 수 없는 일이다.

여기서 발생학이란 생식세포에서 수정란, 배아를 거쳐 개체로 성장하기까지의 다양한 현상을 연구하는 학문 분야다. 최근에는 iPS 세포가 개발되어 주목받고 있는 생명과학의 한 분야이기도 하다.

iPS 세포는 '만능 세포'라고도 불리기 때문에 이 세포로 복제든 키메라든 마음대로 만들 수 있다고 생각하는 독자도 있을지 모른다. 당연하게도 그렇게 자유자재로 만들지는 못한다.

'세포의 운명' 이란 무엇인가

iPS 세포는 2006년에 현재 교토대학 iPS세포연구소 소장인 야마나카 신야가 개발했다. 야마나카는 이 공적을 인정받아 2012년에 노벨 생리의학상을 받았다. iPS 세포의 특징은 분화를 마친 체세포를 미분화한 간세포로 바꾸는 것에 있다. 이를 '초기화(Reprogramming)'라고 부른다.

앞에서 발생학은 수정란에서 개체로 성장할 때까지의 과정을 연구한다고 설명했다. 몸무게가 60킬로그램인 성인 남성은 60조 개가 넘는 세포로 만들어진다. 엄마 뱃속에서 수정란 하나로 기본 형태가 만들어지고, 태어난 후에도 성장하는 과정에서 200종류 정도의 세포가 활동한다. 이처럼 세포의 기능이 나뉘는 것을 '분화'라고 한다.

간단하게 그림을 그려보면 언덕길에서 데굴데굴 굴러떨어지는 모습인데, 여러 갈래로 나뉘어지면서 마지막 세포로 분화한다. 이를 '세포의 운명'이라고 한다. 문학적인 표현처럼 들리지만 정식 생물학 용어다. 이 분화의 언덕을 반대로 오르는 데 성공한 것이 iPS 세포다. 원래 포유류에서는 절대 불가능하다고 여겨졌던 일이다. 그래서 더욱 노벨상을 받을 만한 연구였던 것이다.

분화전능이란 태반 등 태아를 기르는 장기가 되는 능력과 몸을

◆ 세포의 운명과 iPS 세포

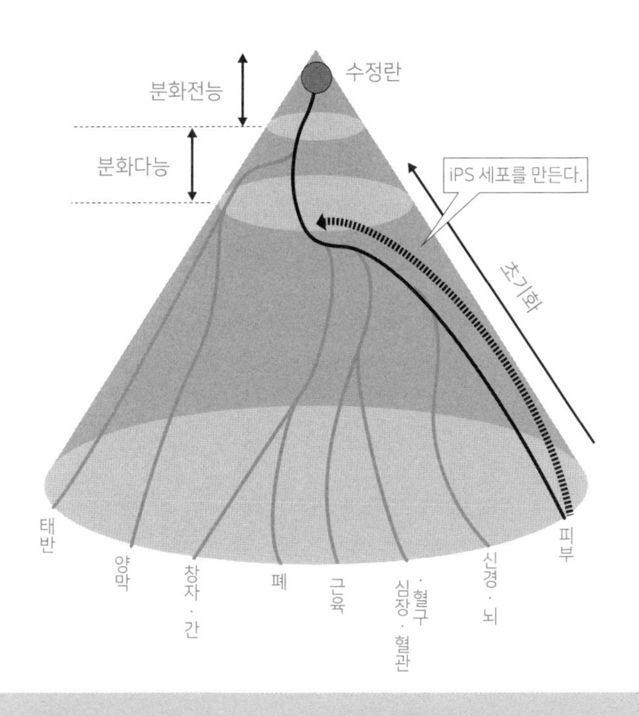

산꼭대기가 수정란이고, 산등성이는 분화가 끝난 각종 세포다. 높은 곳에 있는 세포일수록 미분화 상태이며, 분화는 나뉘어지면서 산길을 굴러떨어진다. iPS 세포는 산기슭에서 갈라지기 전에 지나온 길로 분화 상태를 거꾸로 돌려놓은 그림이다.

만드는 능력을 두루 갖췄음을 뜻한다. 분화다능은 몸을 만드는 능력만을 의미한다. 따라서 iPS 세포는 수정란보다 분화가 조금 진행된 세포라고 생각하면 된다. iPS 세포에서 직접 개체가 되기까지 성장하게 만들기란 어려울 수는 있어도 이론적으로는 가능하다. 왜냐하면 iPS 세포를 사용하여 생식세포를 만들 수 있어 iPS 세포로 만든 생식세포를 수정하게 함으로써 복제를 할 수 있는 것이다.

그러나 아직 간단한 일은 아니다. 생식세포를 성숙하게 만들려면 개체의 정소나 난소로 이식해야 하고, 수정란을 개체로 성장하게 하려면 물론 개체의 자궁이 필요하다.

현재 과학기술 수준에서는 '생명의 힘'을 빌리지 않고 시험관 안에서만 개체를 발생하게 만들 수는 없다. 하물며 종을 초월한 형질을 발현시키는 것처럼 키메라를 만드는 일은 머나먼 꿈 이야기라고 할 수 있다.

'DNA가 일치한다'라는 말은 거짓말

현재 경찰이 사용하는 DNA 수사는 'DNA형 감정'이라고 한다. 범행 현장에 있는 유류품에서 추출한 DNA와 용의자의 DNA를 비교하는 방법을 사용한다.

오해하는 사람도 많겠지만, DNA형 감정은 DNA 전부를 비교하는 것이 아니다. 이는 간이 유전자 검사에서도 마찬가지다. 놀라지 말자. 뉴스에서는 자주 "DNA가 일치한다"고 표현하는데, 정확히 말하면 이는 틀린 말이다. "염기배열[DNA에 있어 네 종류의 염기(A, T, G, C)를 생물 종류에 따라 일정 순서로 배열한 것-옮긴이] 패턴의 일부가 아주 비슷하다"는 말이 정확한 표현이다.

물론 일란성 다태아나 복제 외에 인간이 가진 모든 유전정보(인간 게놈), 즉 31억 개의 핵산 염기배열이 우연히 모두 일치할 확률은 없다고 해도 무방할 정도로 드물 테니 말이다.

그러나 현재 개개인의 인간 게놈을 해독하는 일은 시간이나 비용 측면에서 어려우므로(현재 주로 사용하는 DNA 분석기는 열흘에 약 100만 원의 비용이 든다), 다른 몇 가지 방법으로 DNA 염기배열 패턴을 알아내어 감정한다.

DNA 염기배열 대부분은 우리의 생명 활동에 직접 관계하지 않는다. 생명 활동과 관계없는 염기배열 중에는 무척 많은 돌연변이가 축적되어 있다(대부분의 변이는 생명 유지와 관계가 없다).

돌연변이는 우연히 발생하기 때문에 개인차가 무척 크다. DNA형 감정을 할 때는 바로 이 점을 이용한다. 단, 변이 또한 유전되기 때문에 부모와 아이 사이에는 변이가 비슷하다. 따라서 친자 감정을 할 수 있는 것이다.

초기 DNA 감정은 어떤 제한효소(144쪽 참조)로 유전자를 절단하여 그 패턴을 비교하는 방법을 사용했다. 같은 DNA를 같은 제한효소로 자르면 같은 결과(패턴)를 얻을 수 있다.

몸 안의 세포들은 DNA가 똑같다. 그러므로 동일 인물에게 얻은 샘플로는 혈액, 점막, 피부, 모근 등 무엇을 분석하든 같은 결과가 나온다. 이 방법은 결과의 패턴이 지문과 비슷하다고 하여 'DNA 지문법'이라고 부른다.

진짜 지문도 범죄 수사에 자주 이용된다. 지문은 특정한 개인을 지목하는 유력한 상황 증거다. 일란성 쌍둥이는 지문까지 같다고 오해하는 사람들도 있는데, 지문의 형태를 결정하는 것은 유전자만이 아니다(후성적 변이).

DNA 감정의 구조

DNA 지문법은 샘플이 되는 DNA(염색체)를 완전한 상태로 비교할 필요가 있었다. 그런데 범죄 수사를 할 때는 불완전한 상태에서 샘플을 채취하는 경우가 많아 결과의 재현성이 떨어진다.

그래서 요즘은 STR이라는 여러 개의 염기배열이 연속하는 부위(물론 생명 활동에는 무의미하다)를 분석하는 'STR법'이 사용된다. STR법은 DNA 지문법과 달리 염색체 일부에 주목한 방법으로 불완전한 시료로도 감정할 수 있는 가능성이 높다.

예를 들어 2번 염색체에 있는 갑상선 페록시데이스(과산화효소-옮긴이)라는 효소의 유전자(TPOX)에 있는 인트론(유전정보가 없어 단백질을 만들지 못하는 DNA 영역)에 주목하면, 'AATG'라는 STR의 연속이 5개인 사람부터 14개인 사람까지 있다.

이 말은 아빠 쪽에서 유전된 TPOX 인트론에서 10종류, 엄마 쪽에서도 똑같이 10종류로 총 100가지 패턴으로 인간을 분류할 수 있다는 뜻이다. 만약 100가지 패턴으로 분류할 수 있는 STR을 5군데 조사한다고 쳤을 때 단순 계산하면 100억 가지 패턴으로 분류할 수 있게 된다.

기본적으로는 혈액형으로 분류하는 것과 같다. 예컨대 ABO식은 4종류, Rh식은 2종류의 혈액형이 있으니 두 혈액형을 조합하면 8 패턴으로 분류할 수 있다.

STR식 DNA형 감정은 STR의 변이를 조합하여 개인을 식별할 수 있을 만큼 많은 패턴으로 분류한다. 현재 일본 경찰의 DNA형 감정은 15군데의 STR을 조사한다. 각 STR은 대략 4가지 패턴에서 30가지 패턴으로 동일하지는 않지만, 타인과 타인의 STR이 모두 일치할 확률은 약 4조 7천억 분의 1이라고 한다. 2015년 1월 1일 현재 일본인 인구가 1억 2500만 명 정도니, 일본인 가운데 STR이 모두 일치하는 경우는 이론적으로 일란성 다태아뿐일 것이다.

최근에는 '단일염기 다형성'(SNPs)을 이용한 감정법도 연구되고 있다. STR법은 DNA 지문법보다는 낫지만 염색체 길이가 어느 정도에 미치지 않으면 감정에 사용할 STR 영역을 발견하기가 어려워진다. SNPs를 확인하려면 더 좁은 DNA 영역에 주목하면

◆ DNA 감정의 구조

DNA 지문법

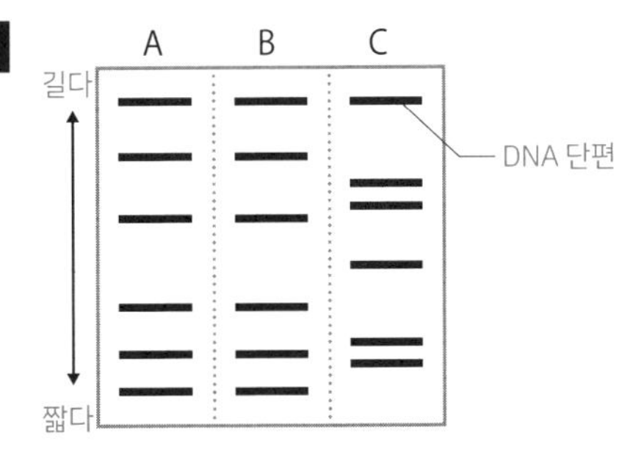

샘플(A~C)에서 정제 · 증폭된 DNA를 제한효소로 절단하여 전기영동(전기이동이라고도 하며, 전기장 안에서 하전된 입자가 양극 또는 음극 쪽으로 이동하는 현상. 입자의 성질에 따라 속도에 차이가 생긴다-옮긴이)으로 단편을 길이 순으로 배열한다. 같은 DNA는 같은 패턴으로 배열한다. 위 그림에서 A와 B는 같은 DNA를 가졌지만, C의 DNA는 아마 다를 것이다.

STR법

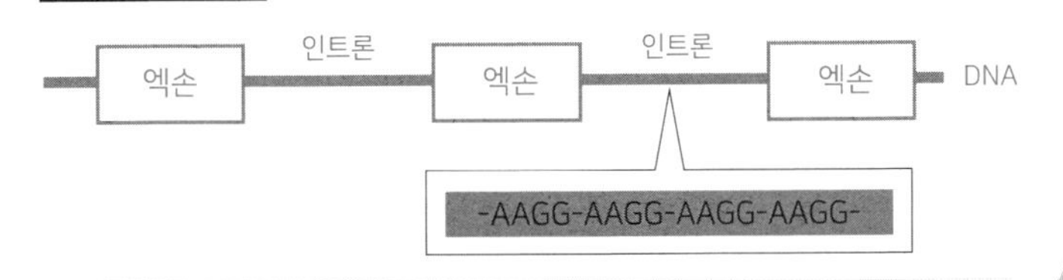

유전자는 DNA상 엑손(번역된다)과 인트론(편집으로 제거할 수 있다)으로 나뉜다. 인트론 안에는 의미 없는 반복 배열 STR이 있다(위 그림에서는 AAGG). STR의 반복 횟수는 사람에 따라 다르다. 특징적인 STR을 여러 번 조사하고 조합하여 개인을 식별한다. 예를 들어 유전자 10종류의 반복 횟수에 1~10회 차이가 있다면 이론적으로 100억 종류로 분류할 수 있다.

되기 때문에 상태가 좋지 않은 DNA에서 오는 검출 감도가 올라간다. 그러나 한 군데당 패턴이 줄어듦으로 그만큼 조사하는 부위를 늘려야 된다. SNPs는 게놈에 수백만 개나 존재하니 원리적으로는 문제가 없다.

DNA 감정의 문제점

지금까지 DNA형 감정의 이점을 중심으로 이야기했는데, 문제점도 있다. 일단 감정에 이용해야 하므로 각 STR이나 SNPs에 대응하는 집단의 데이터베이스가 필요하다는 것이다.

혈액형에 대입해 생각하면 이해하기 쉽다. 예를 들어 A·B·O·AB형 중 각각 다른 혈액형을 가진 사람의 비율은 균등하지 않으며 각 나라 민족에 따라서도 달라진다. 게다가 STR법에서 각 STR의 변이는 흔히들 독립되어 있다고 생각하는데, 사실은 연관이 있을 가능성도 있다. 그렇다면 전혀 상관없는 남남이 일치할 확률이 늘어나게 된다.

어디까지나 확률은 확률이기 때문에 몇조 분의 1이라고 해도 우연히 일치할 확률이 전혀 없지는 않다. 실제로 미국에서는 수만 명 규모의 데이터베이스에서 모든 STR 패턴이 서로 일치하는 사람들이 발견되었다.

STR 패턴이 일치해도 게놈 전체에서 보면 다르다는 점을 오해해서는 안 된다. 어디까지나 부분적인 패턴이 일치했다는 것뿐이다. 그러나 범죄 수사에서는 STR 패턴 일치를 통해 동일 인물이라고 판정할 가능성이 있다. 여기서 DNA 감정이 절대적이지 않다는 점을 염두에 두어야 한다. 유력한 증거가 되기는 하지만, 어디까지나 상황 증거의 하나일 뿐이기 때문이다.

또 하나 DNA 감정에서 주의할 점은 목적과 다른 유전자가 섞여 들어온다는 것이다. 범행 현장에서 발견한 미세한 자료가 누구의 것인지는 감정하기 전까지 알 수 없다. 특히 DNA 감정은 미세한 자료로 조제하여 증폭하는 만큼 쓸데없는 것이 섞여 있으면 잘못된 결과를 초래할 수도 있다.

이와 관련하여 교훈이 될 유명한 사건이 있다. 유럽의 '하일브론의 유령 사건'이다. 사건의 발단은 2007년 독일 남부 바덴뷔르템베르크주의 하일브론에서 일어난 흉악 범죄였다. 범인은 경찰차를 습격하여 권총을 빼앗은 후 경관 두 명을 총으로 쏘고 도주했다. 여성 경관 한 명은 사망했고, 남성 경관 한 명은 중상을 입었다.

남겨진 미세한 자료에서 DNA를 추출하여 감정한 결과, 놀랍게도 독일을 중심으로 한 유럽 각국 40건의 범죄 현장에서 동일한 DNA가 검출되었다. 더구나 살인을 비롯하여 강도, 약물 거래 등 범죄 종류도 다양했다. 나아가 1993년 살인 사건에서 발견된 시료를 2001년에 분석한 결과에서도 같은 DNA가 검출되었다. DNA에서 얻은 정보는 동유럽 혹은 러시아계 여성을 지목했다.

2009년, 독일 경찰은 수수께끼의 여성 범죄자에 현상금 약 4억 원을 내걸었다. 무척이나 미스터리한 일이었는데, 사건은 생각하지 못한 방향으로 흘러갔다. 도난을 위해 학교에 침입한 소년이나 불에 타 죽은 남성 이민자 등 전혀 상관없는 사례에서도 수수께끼의 여성 DNA가 검출된 것이다.

당국이 당황하여 재조사를 한 결과 유령의 정체가 밝혀졌다. 그녀는 동유럽 출신이기는 했지만, 바이엘주의 면봉 공장에서 일하는 여성 종업원이었다.

물론 그녀는 범죄 조직과도, 일련의 범죄와도 아무런 관계가 없었다. 문제는 면봉을 생산하는 공정에 있었다. 바로 이 공장에서는 면봉을 맨손으로 포장했던 것이다. 그리고 유럽 각국의 경찰은 공통으로 이 공장이 납품한 면봉을 사용하여 DNA 감정에 쓸 미세한 자료들을 수거하고 있었다. 경찰은 면봉 공장에서 일하는 여성 종업원의 피부 일부에서 DNA를 검출했던 셈이다.

당연하지만 사건 수사는 말짱 헛일이 되었다. 참고로 하일브론 사건의 범인은 2011년에 밝혀졌다. 이때 범인은 은행에 들어갔다가 경찰의 추격에서 벗어나지 못하고 차에 탄 채 분신자살을

했는데, 유류품에서 자세한 내용이 밝혀졌다고 한다. 후에 공범이 자수하면서 사건은 막을 내렸다.

 우리의 사생활이 위협받는다?

이제 이해했겠지만, 현재의 DNA 수사를 지나치게 믿어서는 안 된다. 어디까지나 상황 증거 중 하나로 받아들여야 한다. 물론 지금보다 연구가 더 발전하여 DNA 분석기의 성능도 좋아짐으로써 미세한 자료에서 회수한 시료로 모든 DNA를 읽어낼 수 있게 된다면 범죄 수사도 전혀 다른 차원으로 바뀔지 모른다. 그러나 그때는 사생활이나 개인 윤리에 관해서도 지금과는 다른 대응이 필요할 것이다.

극단적이지만, 국가가 모든 주민의 DNA 검사 결과를 등록했다고 가정해보자. 만약 그렇게 된다면 범행 현장에서 채취한 DNA로 곧장 용의자를 조회하여 알아낼 수 있다.

실제로 이렇게 시행하자고 하면 어마어마한 소동이 벌어질 것이다. 사실 2015년 7월에 쿠웨이트에서는 영주권을 가진 모든 이주자의 DNA 검사 데이터 등록을 의무화하는 법안이 가결되었다고 한다. 등록을 거부하거나 허위 데이터를 등록했을 때는 벌금형이나 금고형(징역형과 마찬가지로 교도소에 수감되지만, 노동은

하지 않는다-옮긴이)에 처해진다고 한다. 테러 등 범죄 조직에 대한 대책이라고는 하지만 그렇게까지 해야 한다는 사실이 살짝 무섭기도 하다.

빅데이터를 모으기도 힘들 텐데 이왕에 모을 수 있다면 인간 게놈 프로젝트처럼 사람들 건강에도 도움이 되길 바란다.

유전자가 암에 미치는 영향

암이란 어떤 병인가

일본인의 3대 사인은 암·심근경색·뇌졸중이라고 한다(최근에는 3위에 폐렴이 올랐다). 그리고 일본인 두 사람 중 한 사람은 일생에 한 번은 어떠한 암이든 걸린다고 한다. 그런 말을 들으면 '나도 언젠가는……' 하고 걱정되기 마련이다. 대체 암이란 어떤 병일까? 그리고 유전자와 어떤 관계가 있을까?

먼저 용어를 정리해보자. 암과 관련하여 종양이라는 말이 가장 넓은 의미로 쓰인다. 병리학 용어에서는 종양을 신생물(新生物)이라고 표기한다. 읽을 때 의미에 주의하기 바란다. 신-생물이 아니라 신생-물이다. (몸에) 새로 생긴 (여분의) 것이라는 뜻이다. 암이라고 표기할 때는 악성 종양(악성 신생물)을 의미한다.

암은 크게 두 종류로 나뉜다. 하나는 상피조직(몸의 표면과 체내 모든 내강의 내면을 둘러싼 조직)에 발생하는 '암종(癌腫)', 다른 하나는 상피조직 외에 발생하는 '육종(肉腫)'이다. 상피조직은 점막이나 점막 바로 아래의 분비선 조직이라고 생각하면 된다. 따라서 식도·위·장 등의 소화관에서는 암종이 많이 생긴다. 어떻게 정의하느냐에 따라 다르지만, 뼈세포나 신경세포가 종양이 되어도 분류상으로는 육종으로 취급한다.

참고로 악성/양성이라는 분류는 생명에 영향이 있는지 없는지 의사가 판단하는 것이지 종양의 성질 자체는 아니다. 종양의 성질을 정하는 것은 '분화도(分化度)'와 '이형성(異形性)'이다. 분화도는 종양화가 진행된 원래 조직에서 얼마나 미분화된 상태인지 따지는 지표다. 이형성은 종양화가 진행된 원래 조직이 얼마만큼 겉보기에 변화했는지를 나타낸다.

분화(分化)란 수정란에서 변화하여 고유 활동을 하는 조직이 된다는 뜻이다. 예컨대 아기 때는 무엇이든 될 수 있지만(미분화 상태) 어른이 되면 직업을 결정(분화)하는 것과 비슷하다. 분화도가 높으면 원래 조직에 가깝다는 뜻이고, 반대로 분화도가 낮으면 원래 조직에서 분화를 거슬러 올라가는 것(미분화가 되는 것)을 의미한다. 분화도가 낮은 암세포를 사람으로 비유하면 퇴직 후 무직 상태를 떠올리면 된다. 일반적으로 분화도가 낮고 이형성이 크면 제어되지 않은 세포분열이 활발하므로 대개 악성으로 판단한다.

여담이지만 ES세포나 iPS세포와 같은 간세포는 분화도가 낮은(미분화된) 세포로 활발하게 세포분열을 반복한다. 특히 iPS세포는 분화가 완료된 세포를 미분화 상태로 초기화하여 작성하기 때문에 암의 메커니즘과 통하는 점이 있다. iPS 세포를 사용하는 재생 의료에서 문제 삼는 안정성 논의는 사실 이런 의미에서 '조직이 암으로 변하지 않는가?' 하는 부분을 확인하는 것이다.

염증은 어떻게 암이 될까

다시 앞부분으로 돌아가자. 최근에 정상 조직은 암이 되기 전 전암병변(前癌病變)이라는 상태가 된다는 사실이 지적되었다. 전암병변은 만성 염증 등에 인해 생긴다. 특히 소화기관의 암종에서 '염증 · 화생 · 샘암 연속성 가설'은 전문가 사이에서 일반적이 되었다.

'염증'이란 말은 많이 들어보았을 것이다. 염증은 표피의 환부가 붉어지고 욱신욱신 쑤시며 아프다는 증상이 있다. 이는 면역

작용이 환부를 지키는 과정에서 일어나는 현상이다. 염증은 몸속에서도 생긴다. 한편 '화생(化生)'이라는 말은 낯설 것이다. 간단히 말하면 나중에 생기는 다른 장기의 조직을 말한다.

구체적인 예를 들어보자. 역류성 식도염이라는 질환을 들어본 적이 있는가? 스트레스나 불규칙한 식사, 과도한 음주, 기타 이유 등으로 위액이나 소화되다 만 음식물이 식도를 역류하여 식도의 점막을 자극하여 생긴다. 가슴이 쓰리거나 통증이 생기는 증상이 나타난다. 이때 변성된 조직을 관찰해보면 식도 점막이어야 하는 부분이 어째서인지 위벽처럼 변해 있다.

이렇듯 '왜 그 부분에 다른 조직이 생겼을까?' 하게 되는 상태를 화생이라고 부른다. 참 신기한 일이다. 문제는 위벽처럼 화생한 식도 점막이나 창자벽처럼 화생한 위 점막이 후에 암으로 변한다는 사실이다. 왜 그런 일이 생길까?

만성적으로 염증이 오래가는 조직은 다양한 원인으로 항상 세포분열을 반복한다. 세포분열을 반복하는 조직에는 돌연변이가 축적된다. 돌연변이는 일정 확률로 일어나기 때문이다(아주 낮은 확률이지만). 돌연변이 확률이 같다면 세포분열 횟수가 많은 조직일수록 당연히 변이하는 세포가 많아진다.

이것이 염증·화생·샘암 연속성 가설이다. 이 가설을 토대로 생각해보면 우리 주변에서 발암 위험을 높이는 요인은 요컨대 조직에 염증을 일으키는 것이다.

가끔 "집안 대대로 암에 많이 걸린다"와 같은 이야기를 듣게 된다. 확실히 유전적으로 암에 걸리기 쉬운 사람도 있는 모양이다. 돌연변이가 정자나 난자 같은 생식세포에 축적되어 있으면 자손에게 물려주기 때문이다.

그러나 지레짐작은 금물이다. 대부분 개인적으로 생긴 돌연변이는 생식세포와는 관계가 없어 자손에게 물려주는 일은 없다. 생식세포는 분열이 많은 세포이므로 가만히 있어도 일정 비율로 유전자에 돌연변이가 일어난다. 오히려 적극적으로 유전자 재조합도 일으킨다.

변화하지 않는 것은 생명의 기본이지만, 반대로 계속 변화하는 것도 생명의 기본이다. 얼핏 모순이지만 말이다. 현재 생명 활동을 유지하려면 변화해서는 안 된다. 그러나 그와 동시에 장기적으로 봤을 때 조금씩 변화하는 것이 진화의 원동력이다. 암 이야기에서 살짝 벗어났다.

다시 암 이야기로 돌아가 보자. 암에 걸리기 쉬운 성질에 유전자 변이가 관계한다는 것은 사실이다. 따라서 같은 발암 위험에 노출되어도 유전자 변이 정도가 달라 암에 걸리기 쉬운 사람과 그렇지 않은 사람이 있다. 그러나 암에 걸리기 쉽다고 해서 반드시 암에 걸리는 것은 아니다. 그 점은 전혀 다르므로 주의하기 바란다.

안젤리나 졸리와 유전자 검사

어떠한 유전자의 변이가 있다 해도 노화하면 반드시라고 해도 좋을 정도로 몸속에 암 세포가 생긴다. 유전적 요인에 환경 요인(발암 위험)이 더해지고, 거기에 노화에 따른 신체기능 저하까지 더해져 종합적으로 발암에 이른다. 그렇지만 유전적인 요인으로 암에 걸리기 쉬운지 아닌지 아는 것은 중요할 것이다.

최근에는 유명 배우 안젤리나 졸리가 유전자 검사 결과 유방암 발병 위험이 높다는 사실을 알고 예방 차원에서 수술을 받았다는 사실이 화제가 되었다.

졸리 스스로 이야기했듯 유전자 검사 결과 발암 위험이 높다고 해서 모든 사람이 반드시 예방 수술을 받아야 하는 것은 아니다. 어디까지나 선택 사항 중 하나다. 만약 자신의 유전자 변이를 알아봤는데 대책이 없는 암에 걸릴 위험이 높다는 사실을 알았다 하더라도 모두 예방이 가능한 것은 아니다. 예방이라는 의미에서 현재 틈틈이 검사해 조기에 암을 발견하는 것은 중요하다. 그러나 서두에서 이야기했듯이 일본인 중 3분의 1이 암으로 사망하고, 두 사람 중 한 사람이 일생에 한 번은 암에 걸리는 시대다.

앞서 "우리는 집안 대대로 암에 많이 걸린다"는 말이 여기저기서 들린다고 이야기했다. 그만큼 많은 사람이 암에 걸린다는 뜻으로 주변에 암 환자가 있는 것은 신기한 일이 아니다. 암은 일종의 노화 현상이라고 해도 좋을 정도로 고령화 사회에 암 환자가 많아지는 것은 당연하다. 다른 병으로 사망하지 않게 된 결과로도 볼 수 있다.

실제로 발암 위험성은 유전적 요인보다 환경 요인이 더 클 것이다. 비슷한 생활을 했을 때 비슷한 병에 걸리기 쉬워지기 때문이다. 예컨대 식생활은 아무래도 가족 단위로 비슷해진다. 같은 집 안에서는 비슷한 맛이나 재료가 공유될 것이다. 음식을 맵거나 짜게 먹는 집안은 위암에 걸리거나 고혈압이 되기도 쉽다. 이는 유전과 상관없는 일이다.

유전자 변이와는 별개로 현재 확실히 예방할 수 있는 암으로는 위암과 자궁경부암이 있다. 위암의 원인으로는 헬리코박터 파일로리라는 세균으로부터 생기는 위벽 염증을 들 수 있다.

파일로리균은 이름은 귀여워도 성가신 세균이다. 물론 모든 암의 원인은 아니지만, 앞서 나온 염증·화생·샘암 연속성 가설에서 생각했을 때 만성 염증의 원인을 제거하는 것이 결국은 암을 예방하는 일이다.

암유전자의 종류

자궁경부암은 대부분 인유두종 바이러스(HPV)가 원인이다. 물론 이 바이러스도 모든 암의 원인은 아니다. HPV에는 백신이 있고, 전암병변 진단이 쉬워 예방 가능한 암이라는 사실이 최대 특징이라고 할 수 있다.

자궁경부암은 불특정 다수와의 성교나 출산 횟수에 비례하여 위험성이 높아진다. 근래에는 성교를 시작하는 연령이 낮아지면서 젊은 층의 발병이 눈에 띄게 늘었다. 많은 암이 노화와 비례하여 발병하는 데 비해 자궁경부암은 20대 후반부터 40세 전후로 발병 시기가 집중된다 하여 마더 킬러(Mother killer)라고 불리기도 한다.

이 명칭에는 두 가지 뜻이 있다. 하나는 치료를 위한 수술 때문에 임신이 불가능해지는, 즉 아이가 없는 여성에게서 '엄마가 될 기회를 빼앗는 병'이라는 뜻이고, 다른 하나는 '아이 엄마의 목숨을 빼앗는 병'이라는 뜻이다.

자궁경부암은 HPV 백신과 정기검진으로 거의 확실하게 예방할 수 있는 병이다. 그런데 극히 드물게 일어나는 유해 현상이 백신의 부반응(주된 반응이 아닌 함께 일어나는 다른 반응--옮긴이)이라고 과도하게 광고되는 바람에 보급에 제동이 걸린 모양이다(125쪽 참조).

암에 대해서는 유전자와 상관없이 예방하는 방향으로 대처해야 하지만, 최근 연구에서는 암에 걸리는 공통된 유전자가 밝혀지고 있다. 우리 몸에는 이른바 '암유전자(Oncogene)'라는 것이 있다. 이름이 오해를 부르기 쉬운 듯한데, 정확히 말하면 조직이 암으로 변할 때 이상한 작용을 하는 유전자를 암유전자라고 한다. 암유전자가 정상적으로 활동하지 않게 되면 암이 될 가능성이 높아진다는 것이다.

암유전자에는 여러 종류가 있는데, 이 다양한 암유전자의 기능을 제어하는 유전자가 발견되었다. 바로 'p53 유전자'다. p53 유전자는 p53 단백질을 만든다.

p53 단백질은 전사활성화인자(촉진자를 전사할 때 효율이 올라가도록 작용하는 인자 – 옮긴이)로 세포분열의 주기를 조절한다. 전사란

◆ 암과 유전자의 관계

p53 유전자 —제어→ 암유전자 —제어→ 세포분열

- 암유전자가 변이하여 세포분열이 제어되지 않으면 암에 걸릴 확률이 생긴다.
- p53 유전자가 변이하여 암유전자가 제어되지 않으면 암이 악성화되기 쉬워진다.

DNA에서 전령 RNA(mRNA)를 읽어내는 것이다. 즉 위에서 다른 유전자의 발현을 조절하여 세포가 정상적으로 분열을 계속하기 위한 단백질이다. 더 정확히 말하자면 유전자가 상처를 입거나 세포에 손상이 커지면 p53 단백질이 작용하여 아폽토시스(세포예정사)를 일으킨다.

만약 p53 유전자에 이상이 생기면 암유전자들의 과도한 기능을 억제하지 못하게 되거나 아폽토시스를 일으키지 못하게 되어 암에 걸린다고 추측된다. 다양한 조직이 암이 된다. 현재 악성 종양의 절반에 p53 유전자의 변이가 있다고 한다. p53 유전자의 변이가 있으면 항암제가 잘 듣지 않게 되거나 방사선 치료에 저항성을 나타내는 경향이 강하다.

p53 유전자의 변이는 조직을 암으로 만드는 가능성을 높이기는 하지만, 어떤 조직이 암이 되기 쉬운지 정하는 것은 아니다. 그것에 관한 내용은 아직 연구 중이다. 게다가 아무리 중요하다고 해도 p53 유전자의 과도한 발현은 유해하다고 생각된다. p53 유전자가 과도하게 발현하도록 유전자를 바꾼 쥐는 암 발생률은 낮았지만 조직의 노화가 빠르고 수명도 짧았다. 생명의 구조는 한 가지가 아니라 다양하다는 뜻이다.

암 연구는 장기별 · 조직별 · 세포별 · 유전자별 분류로 진행되고 있다. 암은 조직이나 세포에 따라 천차만별인데 만능 치료법은 없다. 예를 들면 백혈병은 여덟 종류나 있고, 폐암도 폐를 구성하는 세포의 수만큼 종류가 다양하다. 각각 현재 단계에서 예후가 나쁜 유형도 있는가 하면, 치료법이 확립된 유형도 있다. 그중에는 극적으로 치료 효과가 좋아진 것도 있다.

앞으로 더 세밀하게 각 유형에 맞는 치료법이 개발될 것이다. p53 유전자에 관해서도 10여 년 후에는 장기별 · 조직별 · 세포별로 어떤 유전자와 서로 영향을 미쳐 암이 되는지를 밝혀내고 치료법이 개발될 것이라고 기대해도 좋을 것이다.

발암물질이란 무엇인가

발암물질 이야기도 해 보자. 발암물질이 암을 일으킨다는 것을 세계 최초로 증명한 사람은 일본의 야마기와 가쓰사부로(山極勝三郎)다. 1915년의 일이었다. 그는 굴뚝 청소부가 피부암에 많이 걸린다는 사실에 착안하여 토끼 귀에 콜타르를 문질러 인공적으로 암이 발생하게 했다. 콜타르는 석탄을 열분해하여 얻을 수 있는 것으로 그을음에도 많이 포함되어 있다. 실험의 원리는 단순했다. 같은 생각을 한 연구자는 많았지만 모두 몇 개월 만에 포기했다.

그러나 야마기와는 3년 동안 꾸준히 실험한 끝에 드디어 성공했다. 원래 굴뚝 청소부에게 암이 생기기까지 10년 정도 걸리기 때문에 야마기와는 실험 기간을 각오했던 듯하다. 참고로 콜타르는 몇 가지 발암물질을 포함하는데, 그중 하나인 아크리딘은 DNA의 트리플렛 코돈 가설(249쪽 참조)을 증명하기 위해 사용된 중요한 물질이었다. 요컨대 발암물질이란 DNA에 돌연변이를 일으키는 물질이었다는 것이다.

2011년 동일본 대지진 때 후쿠시마 제1원전에서 사고가 일어난 후 방사성 물질에 과도하게 반응하는 사람이 늘어났다. 방사성 물질에는 발암물질이 있기 때문이다.

허먼 조지프 멀러(Hermann Joseph Muller)는 방사선이 돌연변이를 일으키는 것을 증명하여 1946년 노벨 의학상을 받았다. 토머스 헌트 모건(Thomas Hunt Morgan)의 제자인 멀러는 실험에 노랑초파리를 사용했다. 부모 초파리가 방사선에 피폭되면 새끼 초파리들의 치사율이 방사선량에 비례하여 증가했다(많은 돌연변이는 치사성이다). 그때 현재의 방사선 피폭량을 규제하는 문턱 없는 선형 가설(LNT 가설)이 처음 주장되었다.

여기서 문턱이란 '어떤 영향이 나타나는 경계치'를 말한다. 문턱이 없다는 것은 아무리 양이 적어도 해로운 것이 있다는 뜻이다. 이 세상의 온갖 물질에 독성의 문턱은 있는데 방사선만은 특별한 것일까?

사실 실험에 사용한 (특히 수컷) 노랑초파리가 특이했다. 멀러가 살던 시대에는 아직 유전자가 DNA라는 사실조차 알려지지 않았는데, 현재는 DNA 손상이 바로 회복된다는 사실까지 밝혀졌다. 그러나 노랑초파리의 생식세포만은 예외적으로 DNA 회복효소가 없다. 그러니까 노랑초파리로 돌연변이를 만들기가 쉬웠다는 것이다.

현시대에 와서는 피폭량이 아무리 적어도 방사선의 영향이 비례한다고 생각하는 것은 과학적이지 않다(물론 대량으로 피폭되면 위험하다). 평상시 안전 관리에 LNT 가설이 사용되는 이유는 간단하기 때문이다. 불안할 때야말로 냉정을 찾아 과학적으로 상황을 평가하는 것이 결과로 봤을 때 안전과 건강으로 연결된다.

담배보다 위험한 물질

알고 보면 거의 의미 없는 미량의 방사성 물질보다 훨씬 무서운 발암물질이 우리 주변에 존재한다. 예를 들면 담배가 그렇다. 담배 연기에는 벤조피렌이 포함돼 있다. 흡연자가 들이마신 후 내뿜는 주류연과 타고 있는 담배에서 나오는 연기인 부류연 모두 비슷하게 들어가 있다. 벤조피렌은 앞서 언급한 p53 유전자를 변이시킨다는 사실이 실험으로 확인되었다. 일반적으로 생각하면 멀리하는 것이 몸에 좋다.

사실 100세 이상 장수하는 사람 중 흡연자가 많다는 것도 사실이지만, 그들은 담배의 해로운 물질 정도는 없앨 수 있는 특이체질 때문에 장수하는지도 모른다. 아직 연구 중이라고 한다.

그러나 담배보다 더 무서운 발암물질이 우리 주변에 있다. 바로 곰팡이독(마이코톡신)이다. 특히 아플라톡신의 발암성은 아주 높다고 알려져 있다. 아플라톡신을 만들어내는 곰팡이는 아스페르길루스 플라부스라고 한다. 아스페르길루스 플라부스가 만드는 독소라 하여 아플라톡신이라고 한다. 이 곰팡이는 땅콩류나 곡물에 생기므로 당연히 인간 주변에도 있다고 생각하는 것이 마땅하다. 아플라톡신은 조리할 때 쓰는 열로는 분해되지 않기 때문에 한 번 곰팡이가 핀 식품은 반드시 폐기해야 한다.

아플라톡신에는 몇 종류가 있는데, 모두 간에서 특유의 효소로 분해되면서 독성을 발휘한다. 아플라톡신이 간에서 분해되면 DNA에 결합하여 세포에 장애를 일으키고 암에 걸리는 것이다. 정밀 기계 안쪽에 쓰레기가 끼어 톱니바퀴가 잘 돌지 않는 모습을 상상하면 된다.

실험용 쥐를 이용한 실험에서는 아플라톡신 중 가장 독성이 강한 유형 15마이크로그램/킬로그램이 들어간 사료로 길렀더니 100퍼센트 확률로 간암에 걸렸다. 대략 몸무게 300그램의 실험용 쥐는 매일 사료 30그램 정도를 먹는다. 몸무게가 60킬로그램인 인간으로 환산하면 매일 고작 아플라톡신 90마이크로그램만 섭취해도 반드시 간암에 걸린다고 볼 수 있다.

독자 대부분은 "곰팡이 핀 음식은 안 먹어"라고 말할지도 모른다. 물론 곰팡이가 눈에 보이게 피었다면 비위가 상해버리겠지만, 현미경으로 봐야 곰팡이를 볼 수 있는 경우도 종종 있다. 빵이든 땅콩류든 포장을 열어서 밖으로 꺼낸 음식은 바로바로 먹자. 남은 음식을 계속 먹는 것은 위험하다. 아깝다는 생각 말고 남은 음식은 버리는 편이 건강에 좋다.

약간 위협적으로 설명했는데, 그래도 한두 입 먹은 정도로는 괜찮으니 너무 예민해지지 말길 바란다. 아플라톡신에 관한 일본의 식품위생법 규제치는 1000억 분의 1 이하다. 곡물 1킬로그램에 1억 분의 1그램도 아플라톡신이 들어 있어서는 안 된다는 뜻이다.

기준을 초과한 검출 사례로는 2008년 오사카의 쌀밥 업체인 미카사 푸드가 오염된 쌀을 식품용으로 판매한 사건이 있다. 그리고 2011년에는 미야자키대학의 농학부가 만든 쌀에서 검출되었다(시장에서 팔리지는 않았다). 2012년에는 중국에서 수입한 백후추나 미국에서 수입한 땅콩버터에서 기준치 이상의 아플라톡신이 검출되었다. 그 밖에 기준치 이하지만 피스타치오, 말린 무화과, 옥수수 그리고 육두구 등의 향신료에서 가끔 검출된다.

다시 말해 곰팡이가 피기 쉬운 수입 식료품은 위험하다. 사실 이러한 위험은 수확 이후의 농약(항곰팡이제) 살포를 꺼리는 소비자 쪽에도 원인이 있다. 화학약품을 피했더니 더 강력한 곰팡이 독소를 먹을 위험이 늘어난 셈이다. 참으로 원인과 결과가 바뀐 일이 아닐 수 없다.

집에서 만든 발효식품에서 주의할 점

이는 어느 쪽이 더 제어하기 쉬운가 하는 문제이기도 하다. 실제로 위험성을 완전히 없애기란 무리다. 화학물질이든 곰팡이 독소든 유해하지 않고 건강하며 기준치 이하로 얼마나 억제할 수 있는가가 문제다.

개인적으로 사려하는 것은 요즘 집에서 발효식품을 만드는 것이 유행하는 풍조다. 올바른 방법으로 만들면 괜찮지만, 발효란 균을 만듦을 의미하기 때문에 제대로 관리하지 않으면 이상한 곰팡이도 같이 재배하게 된다. 용기나 기구를 멸균하고, 작업하는 장소나 손을 살균하는 것이 기본이다.

참고로 살균이라는 말의 어감이 더 강력할 것 같은데 사실 반대다. 살균은 균을 '줄이는' 것이고, 멸균은 균을 '없애는' 것이다. 살균을 해도 어느 정도 균은 남아 있다고 생각해야 한다. 곰팡이 포자는 부엌 공기 중에 얼마든지 떠다닌다. 대신 기구의 멸균을 철저히 하기 바란다.

식품 위생의 기본은 만들기 시작할 때 균을 최대한 줄일 것, 만든 음식은 빨리 먹을 것, 젓가락을 댄 요리는 남기지 말 것이다. 조금이라도 맛이나 냄새가 이상하면 버려야 한다. 이것만큼은 '아깝다는 생각이 위험을 초래한다'를 표어로 걸어도 좋을 정도로 중요하다.

참고로 일부에 퍼진 뜬소문 중에 편의점 도시락이나 대기업이 만든 빵이 잘 썩지 않거나 혹은 곰팡이가 피기 어려운 이유는 이상한 방부제나 항곰팡이제가 들어 있기 때문이라는 이야기가 있다. 완벽한 오해다.

식품 공장의 생산 라인은 가정의 부엌과는 차원이 다르게 철저히 멸균한다. 공장 내의 공기도 필터를 통하므로 무균 상태에 가깝다. 원래부터 있던 균의 수나 곰팡이 포자가 적기 때문에 썩기 어렵고 곰팡이가 피기도 어렵다. 일본은 거의 1년 내내 습윤한 환경이므로 매일 곰팡이와 싸우는 것과 마찬가지다. 정말 발암물질이 걱정된다면 먼저 집에서 식품을 취급할 때 조심하기 바란다.

그러나 너무 예민해지면 이번에는 스트레스 때문에 발암 위험이 올라가게 된다. 일단 신선한 것이 손상되기 전에 먹고, 식재료는 남기지 않도록 신경 쓰면 좋을 것이다.

정리해보자. 현재 암의 종류에 따라 치료법이 개발된 것은 놀랄 정도로 효과적이지만 아직 어떤 암이든 고칠 수 있는 것은 아니다. 따라서 현재는 예방에 노력해야 한다. 특히 염증·화생·샘암 연속성 가설에 따르면 만성적인 염증을 피하는 것이 최고의 암 예방책이다.

그리고 발암물질 중에서는 가장 가까이 있고 의외로 눈치 채지 못하는 곰팡이독을 조심해야 한다. 균이나 곰팡이는 처음부터 만들지 않을 것(손이나 용기, 기구의 살균, 식재료는 꼭 가열하기), 늘리지 않을 것(실온에 방치하지 않기, 저장 음식의 염분이나 초 등을 줄이지 않기), 가능하면 식재료는 남기지 않을 것(오래되면 처분하기)이 기본이다.

환경이나 생활 습관도 암의 종류에 영향을 주는 모양이다. 환경이 발암에 영향을 미친다는 방증으로 흥미로운 조사가 있다. 그 조사에 따르면 일본인들이 하와이로 이주했더니 위암에 걸릴 위험이 줄었다고 한다.

그러나 반대로 전립선암·유방암·결장암(대장암 중 하나)에 걸릴 위험은 늘었다고 한다. 아마 식사를 포함한 생활 습관에 있어 염분이 과다한 일본형에서 지방이 과다한 서양형으로 바뀐 탓으로 보인다.

결국 예로부터 전해지는 양생법과 마찬가지다. 스트레스를 쌓지 않고 담배를 피우지 않으며 폭음과 폭식을 피하고 영양을 균형 있게 섭취하고 음식을 소홀히 하지 않는 것. 가장 평범하지만 유전자를 손상하지 않는 비결이다.

Part 2

알수록 스릴 넘치는 유전자 세계

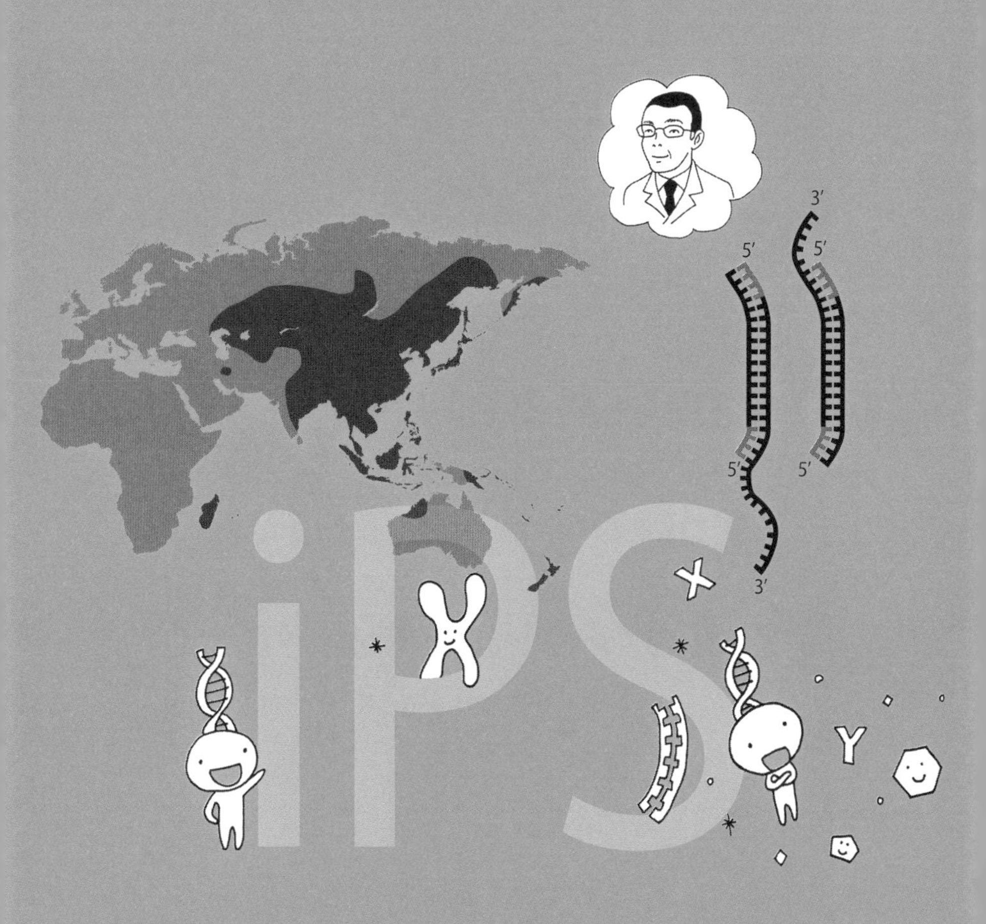

유전자 검사에 관한 모든 것

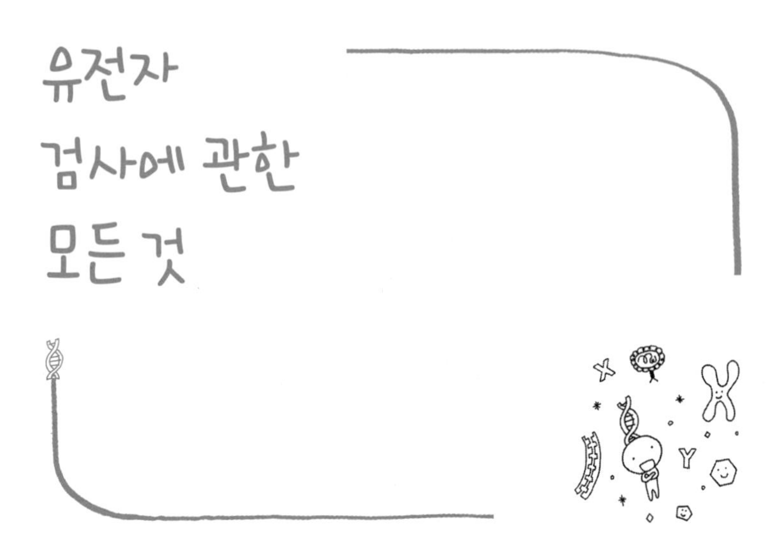

안젤리나 졸리가 유방절제술을 받은 이유

2015년 3월, 배우 안젤리나 졸리는 자신이 두 번째 수술을 결단했다는 사실을 공표했다. 그녀는 병에 걸리지는 않았지만 병에 걸리기 전에 수술을 한 것이다. 첫 번째 수술은 2013년에 했다.

졸리가 수술을 한 데는 이유가 있다. 유전자 검사를 통해 자신의 *BRCA1*(유방암 감수성 유전자 I) 및 *BRCA2*라는 유전자가 변이했다는 검사 결과를 받았기 때문이었다. 해당 유전자가 변이한 미국인 여성은 통계에 따르면 80퍼센트의 확률로 미래에 유방암이 발병한다고 예상된다.

게다가 그 유전자가 변이하면 50퍼센트의 확률로 난소암에 걸린다는 사실도 알려져 있었다. 그래서 그녀는 첫 번째 수술에서 양쪽 유방의 유선을 제거했다. 유선은 모유를 분비하는 기관이다.

일반적으로 그러한 분비기관은 단백질 합성(유전자 발현)이 활발하여 다른 기관에 비해 암에 걸릴 확률이 높다. 그녀는 그 후 정기검진 때 난소암의 징후(염증)를 나타내는 검사 결과를 계기로 의사와 상담에 상담을 거듭한 끝에 난소와 난관을 적출하는 두 번째 수술을 받았다.

적출한 난소에서 종양이 발견되었는데 양성이었지만 초기에 발견하여 건강에는 별다른 지장이 없었다. 단, 난소에서 분비되는 호르몬이 없어졌으므로 앞으로는 여성호르몬 보충 치료를 이어가야 한다. 이른바 갱년기 장애 치료와 똑같다.

자신의 판단에 대해 졸리는 자신의 어머니와 할머니 그리고 이모 등 가까운 사람들이 난소암으로 세상을 떠났다는 사실이 영향을 미쳤다고 말했다. 아마 그녀가 가진 *BRCA1* 및 *BRCA2* 유전자의 변이는 가족성(한 가족 안에서 같은 병이 자주 발생하는 것)이었던 모양이다. 그러나 그녀가 직접 언급한 것처럼 유전자 변이가 있다고 해서 반드시 수술해야 하는 것은 아니다. 어디까지나 그녀에게는 여러 선택 사항 중 하나였다.

참고로 여기서 확률이 높다는 말은 쉽게 말해 병에 걸릴 가능성이 높다는 의미다. 생물학적으로는 '침투도'라고도 한다. 유전자가 변이했을 때 형질이 변화하는 비율을 말하는데, 유전자에서 형질의 발현까지는 복잡한 조절을 받아 유전자 변이가 형질 변화에 반영되지 않는 경우도 있다. 질환과 관련된 유전자에서 침투도가 높다는 말은 발병 위험이 높다는 것을 의미한다.

이러한 숫자는 어떤 집단을 오랫동안 추적 조사하여 나온 통계적인 결과다(코호트 연구라고 부른다). 따라서 대개 해외 데이터를 일본인에게 그대로 대입할 수는 없다. 같은 인류라고는 해도 인종이나 민족에 따라 유전자 구성이 미세하게 다르기 때문이다.

일본인을 상대로 비슷하게 검사하려면 일본인 집단을 대상으로 한 코호트 연구로 판단해야 한다. 코호트 연구라는 단어는 아마 익숙하지 않을 것이다. 예를 들어 '매일 커피를 네 잔 마시는 사람은 어떤 병에 걸리기 어렵다'라는 정보가 발표되거나 텔레비전에서 방송되었다고 가정해보자. 커피를 좋아하는 사람이 들으면 기뻐할 테고, 커피를 싫어한다면 실망할지도 모른다.

사실 이런 이야기는 약간 조심해서 듣는 편이 좋다. 이 같은 조사 결과는 단순히 두 가지 현상의 상관관계 사실을 나타낼 뿐이지 인과관계를 보증하는 것은 아니기 때문이다. 극단적인 이야기지만 커피를 마셨다고 해서 그 병에 걸리지 않는 것이 아니라, 그 병에 걸리지 않는 체질의 사람이 다른 이유로 커피를 좋아하는 것뿐일 수도 있다.

혹은 그 병의 원인이 스트레스였다면, 매일 커피를 네 잔씩 마실 수 있는 시간적 여유가 있는 생활 덕분에 병에 걸리기 어려운 것뿐일지도 모른다. 그렇다면 병의 원인이 되는 스트레스가 있는 상태에서 스트레스를 많이 받는 사람이 억지로 커피를 네 잔이나 마시며 일을 하다가는 오히려 건강을 해칠 가능성도 있다. 생리학적 메커니즘이 과학적으로 검증되지 않는 한, 이러한 이야기에 일희일비하지 않는 편이 좋다.

친숙해진 유전자 검사

다시 처음으로 돌아가자. 안젤리나 졸리가 받은 유전자 검사는 이제 흔한 검사가 되었으며, 요즘에는 'OTC 유전자 검사'라고도 불린다. OTC란 카운터 너머(Over the counter)의 약자로, 일반적으로 처방전 없이 살 수 있는 의약품을 말한다. 약국에서 살 수 있는 시판 약이다.

요컨대 OTC 유전자 검사는 의사에게 지시받아 검사하는 것이 아니라 개인이 자유롭게 이용할 수 있는 서비스라는 뜻이다. 문턱이 낮은 이유는 검사에 드는 소비자 측의 수고가 무척 적은 데 있다. 그중에서도 전용 용기에 일정량의 침을 넣어 보내기만 하면 되는 방법을 가장 많이 이용한다. 용기에는 시약이 들어 있는데, 침에 포함된 구강 내 점막 세포 파편을 녹여 DNA를 보존한다(이것이 시료다). 기업은 회송된 시료로 필요한 검사를 실시한다.

유전자 검사라고 부르기는 하지만, 사실 이 용어는 유전자 검사를 하지 않는 경우도 포함한다. 예를 들어 OTC 유전자 검사가 인간 게놈 프로젝트처럼 염기대(한 쌍의 수소가 결합된 질소 염기-옮긴이)가 약 31억 개나 있는 인간의 염색체를 모두 체크하는 것은 아니다.

기본적으로는 특정 유전자에만 주목해 그 유전자 혹은 주변의 염기배열 일부에 변이가 있는지 알아보는 것이 전부다. 게놈상에는 핵산 염기 하나의 차이가 수백만 개나 된다. 그러한 차이 가운데 어떤 집단 안에서 1퍼센트 이상의 사람이 공유하는 변이를 'SNPs'라고 한다. 개인의 돌연변이가 아닌 일정 인수가 공통으로 지닌 변이라는 뜻이다.

다시 말해서 같은 유전자 내에서도 그러한 부분적인 변이 패턴에 따라 특정 질병에 걸리기 쉽거나 혹은 걸리기 어렵다는 사실을 코호트 연구에서 통계적으로 연구하고 있다. 그러나 앞서 언급했듯 통계적이라는 말은 어디까지나 확률일 뿐이다. 생리학적인 메커니즘은 모르는 경우도 있다. 또한 인종이나 민족에 따라 같은 변이라도 침투도가 바뀐다. 그러한 집단에 따른 질환의 차이도 염두에 두며 연구가 충분히 진전되기를 바란다.

'핵산 염기 하나가 변이했을 뿐인데 그렇게 다를까?' 하고 생각하는 독자도 있을지 모른다. 인간 게놈의 70퍼센트 이상은 생명 유지와 직접적인 관련이 없어 그러한 영역의 변이는 괜찮다.

그러나 정확하게 유전자 안으로 변이가 들어가면 문제가 생긴다. 유전자는 단백질 만드는 방법을 지정하고, 단백질은 아미노산의 배열로 정해진다. 그 아미노산의 배열은 3개가 한 쌍인 핵산 염기(코돈, 249쪽 참조)로 지정된다. 핵산 염기 하나가 바뀌면 코돈이 바뀐다. 코돈이 바뀌면 아미노산의 지정이 바뀔지도 모른다. 만약 아미노산의 지정이 바뀌면 단백질 모양도 바뀌게 된다. 단백질이 바뀌면 생명 활동에도 지장을 줄 것이다. 살짝 바뀌면 괜찮을 수도 있지만, 그중에는 큰 영향을 끼치는 것도 있다.

실제로 핵산 염기가 딱 하나 달랐을 뿐인데 치명적인 병에 걸린 사례도 있다. 약간 겁을 주는 듯한데, 단 하나의 변이만으로 생기는 병은 많지 않다. 실제로는 병 하나에도 많은 유전자가 관계한다. 멘델의 실험처럼 유전자 하나에 형질 하나가 정해지는 간단한 경우는 오히려 예외에 가깝다.

유전자 검사에 힘쓰는 기업

OTC 유전자 검사로 유명한 기업 중 23andMe이 있다. 이 회사는 99달러에 검사해주는 것으로도 화제가 되었다. 창업자 중 한 사람인 앤 워치츠키(Anne Wojcicki)는 예일대학에서 생물학을 공부했고, 졸업 후에는 국립위생연구소(NIH)와 캘리포니아대학 샌디에이고 캠퍼스(UCSD)에서 분자생물학을 연구했으며 의료계 벤처기업에 투자하는 기업의 컨설턴트로 일한 경력이 있다.

2006년에 23andMe를 세우고 이듬해에는 구글의 공동 창업자이자 기술 부문 담당 사장인 세르게이 브린과 결혼하여 1남 1녀의 엄마가 되었는데, 2015년 봄에 이혼했다.

23andMe는 구글이나 다양한 방면에서 거액의 투자를 받고 있으며 워치츠키와 브린의 이름을 딴 재단(Brin Wojcicki Foundation)도 해체하지 않았다. 현재 두 사람이 이혼했다고는 하지만 회사의 존속에는 문제가 없는 듯하다. 그러나 이 회사는 2013년에 미국 식품의약국(FDA)의 서비스 판매 정지 명령을 받고 사실상 개점휴업 상태에 들어갔다. 판매 정지 명령이 떨어지기 전에 회사 제품을 구입한 고객에게는 계속 서비스를 제공하고 있고, 건강 정보 이외의 서비스도 제공할 수 있어서 접수는 받고 있는 듯하다.

FDA가 2015년 2월에 블룸 증후군이라는 난치병에 관해서는 유전자 검사 허가를 승인한 듯하다. 앞으로는 과학적으로 인과관계가 확정된 질환에 한해서 허가를 받을 수 있을 것이다.

23andMe를 포함하여 OTC 유전자 검사 기업이 우후죽순으로 생겨났지만, 의료기관이 아닌 곳에서 유전 질환의 발병 위험을 평가하는 것에 대한 정부 당국의 우려로 인허가 기준이 엄격해진 덕분에 미국에서는 대부분의 기업이 문을 닫았다. 그렇다면 의료기관이 아닌 곳에서 발병 위험을 평가할 때는 어떤 점이 우려될까?

유전자 간이 검사(특히 SNPs)는 어디까지나 확률적인 평가에 지나지 않는다. 어떤 SNPs의 변이가 있는 사람들 가운데 80퍼센트가 특정 병에 걸린다고 해도 나머지 20퍼센트는 그 병에 걸리지 않는다. 더욱이 그 SNPs의 변이를 갖지 않았다고 해서 같은 병에 걸릴 위험이 전혀 없는 것도 아니다. 원래 질환에 관계하는 유전자는 하나가 아닌 경우가 많고, 현실적으로 어느 유전자가 어떤 식으로 관계하는지 아는 경우가 더 드물다.

따라서 의사가 진단할 때 참고는 해도 SNPs의 데이터를 확정적으로 다룰 수는 없다. 전문적인 진단 없이 확률적인 데이터 하나만으로 소비자에게 판단을 맡기는 것이 사회적으로 위험하다고 판단되어도 어쩔 수 없다.

입이 거친 사람들은 이러한 OTC 유전자 검사를 두고 제비뽑

기나 수상한 건강식품과 다르지 않다며 야유한다. 실제로 많은 일본 기업은 간이 검사를 비만이나 탈모 등에 관한 건강식품을 구입하게 만드는 수단으로만 생각하는 듯하다. 인터넷에 나오는 광고만 봐도 어떤 유전자를 조사하는지 의아한 경우가 있다.

필자 개인적으로는 검사로 무언가를 파악할 수 있다면 심심풀이용으로 서비스를 이용해도 괜찮다고 생각하지만, 소비자 입장에서도 약간의 공부는 필요할 것이다. 현재 민간 서비스 대부분은 흥미 차원을 뛰어넘지 못하는 모양이다. 본격적으로 보급이 시작된다면 일본에서도 의료기관과 연계하는 방법을 모색해야 하지 않을까?

◆ SNPs의 예: 알데히드 탈수소효소

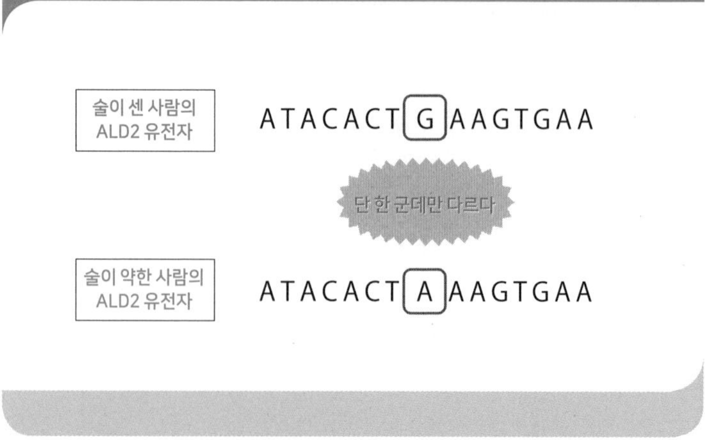

술이 센 사람의 ALD2 유전자	ATACACT [G] AAGTGAA
	단 한 군데만 다르다
술이 약한 사람의 ALD2 유전자	ATACACT [A] AAGTGAA

유전자 검사 이용이 쉬워진 데는 검사 비용이 저렴해진 이유가 있다. DNA를 PCR법으로 증폭하기가 쉬워졌으며(146쪽 참조), DNA 칩이라는 해석법으로 해당 유전자의 유무를 알아내기가 간단해졌기 때문이다. DNA 칩이란 교잡(Hybridization, 상보적 DNA가 결합하는 것을 이용한 해석법)을 응용하여 개발된, 이미 알려진 유전

◆ SNPs의 검출법 예: PCR법으로 연구하여 검출

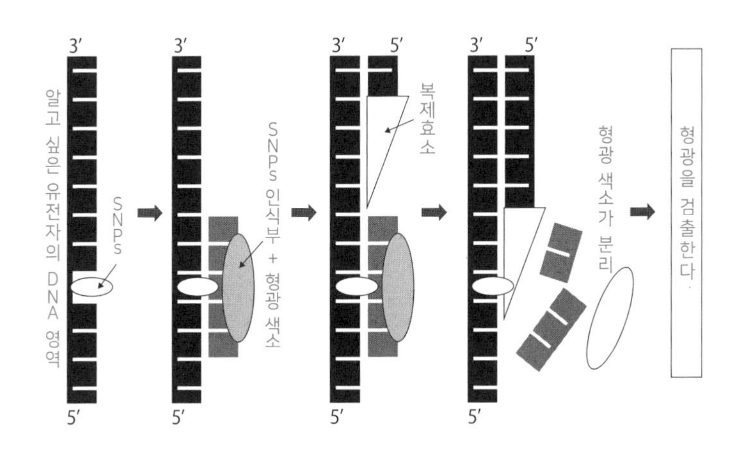

PCR법을 실시할 때, SNPs가 있는 영역과 상보적(염기가 항상 정해진 염기하고만 짝을 이루어 결합하는 것) DNA 단편에 형광 색소를 결합한 시약을 섞어 뒀을 때 SNPs가 있으면 형광을 검출할 수 있다. DNA는 3′ 말단과 5′ 말단이 있고, 복제효소는 5′부터 3′ 방향으로만 DNA를 합성할 수 있다.

자를 검출하는 방법이다.

앞으로 DNA 분석기의 성능이 발달하여 생물정보학(137쪽 참조)이 진행되면, 31억 염기대를 모두 읽어서 주변 염기배열까지 포함하여 목적하는 유전자를 데이터로 만들고, 더 정밀한 진단을 할 수 있게 될 것이다.

유전자 검사의 미래

현시점에서는 어디까지나 유전자 하나의 변이로 병에 대한 설명이 가능한 경우는 드물고, 보통은 여러 요인이 복잡하게 관계하기 때문에 모든 것을 설명하기에는 연구가 부족하다. 따라서 검사 결과는 발병 위험(확률)을 나타낼 뿐이다. 게다가 SNPs의 변이만으로는 병에 따라 정확하게 예측하기가 어려운 경우도 있다.

원래 병이란 유전적 요인뿐 아니라 환경에도 의존한다. 발병 비율 또한 개인차가 커 일률적으로 판단할 수 있을 만한 데이터는 아직 없다. 물론 앞으로 연구를 어떻게 하느냐에 따라 예측의 정확도는 올라갈 것이다.

유전자 검사에 기대하는 부분은 발병 위험뿐이 아니다. 병의 확정 진단이나 치료약에 대한 감수성(효과나 부작용), 출생 전 진단 등 여러 가지다. 이렇듯 고도의 사생활로 다루는 유전정보의 관리도 앞으로는 한층 더 중요한 사회문제로 제기될 것이다. 신중하게 대처해나가야 한다. 이와 같은 한계를 고려할 때 앞으로도 이 분야의 발전에서 눈을 뗄 수 없을 것이다.

최초의 유전자 치료와 현재

어느 미국인 소년의 죽음

1999년 9월, 제시 겔싱어라는 미국인 소년이 18년이라는 짧은 생을 마감했다. 제시는 세계 최초로 유전자 치료의 실패로 사망한 환자다. 그는 오르니틴 트랜스카바미라제(OTC) 결핍증이라는 선천성 질환을 앓았다. 이 병은 일본에서도 난치병으로 지정되어 있으며, 유병률(일정한 시점에 특정 지역에서 나타나는 인구 대비 환자 수의 비율)은 1만 4천 명에 한 사람으로 추정된다.

OTC란 유독한 암모니아를 무독한 요소(尿素, 카보닐기에 2개의 아미노가 결합된 화합물-옮긴이)로 변환시키는 효소의 친구 격으로 간에서 활동한다. OTC 결핍증 환자는 OTC를 만드는 유전자에 이상이 있어 체내에 OTC가 없다. 따라서 혈중 암모니아 농도가 높아져 위독할 때는 뇌에 장애가 일어나기도 한다.

현재 원인 치료법은 없고, 극단적 저단백질로 식사 제한을 하거나 투약하는 대증요법(환자를 치료할 때 원인이 아닌 증세에 대해서만 실시하는 치료법-옮긴이)만 가능하다. 식사는 무척 엄격하게 제한된다. 고작 핫도그 반 개가 진수성찬인 데다가 하루에 32알이나 되는 약을 복용해야 했다고 하니, 청소년이었던 제시는 얼마나 괴로웠을까?

그렇다고 해도 곧 죽음을 맞이할 상태는 아니었다. 더 정확히 말하자면, 그는 임상 시험에 대한 자원봉사 차원에서 유전자 치료를 받았다. 본인도 운이 좋아야 병이 나을 것이라고 생각했던 모양이다.

제시 이전에 17명이 같은 임상 시험에 참가했다. 물론 제시도 위험성은 이해하고 있었다. 최악의 사태를 각오해서라도 임상 시험에 참가한 이유는 자신과 같은 병을 가지고 태어난 다른 아기에게 도움이 되기 위해서였다고 그는 친구에게 말했다.

이야기를 살짝 거슬러 올라가 보자. 원래 유전자 치료에 관한 아이디어는 1970년대에 나왔다. 당시는 분자생물학이 발전하여 유전자 재조합 기술이 확립되고 유전공학이 발달하기 시작한 시대였다. 하지만 실제로 미생물을 조작하는 레벨과 실험동물을 다루는 레벨은 상당한 차이가 있었다. 하물며 인간을 대상으로 하는 의료에 응용하려면 안전성에 대한 우려를 해소하기 위해 방대한 연구가 필요하다는 사실은 당연하다. 그러던 중 미국에서 선천성 면역부전증의 일종인 아데노신 데아미나아제(ADA) 결핍증에 대한 유전자 치료가 성공했다. 1990년 9월의 일이었다.

ADA는 핵산 염기 중 하나인 아데노신을 분해하는 효소다. 아데노신은 생체 내 화학반응에 이용되는 고에너지 분자인 아데노신 3인산(ATP, 아데노신에 인산기가 3개 달린 유기화합물-옮긴이)의 재료인데, 필요 이상으로 농도가 높으면 세포에 독이 되는 분자이기도 하다. 특히 미숙한 림프구는 영향을 쉽게 받기 때문에 ADA 결핍증 환자는 림프구의 수가 적어져 면역 부전에 빠진다.

엄밀히 따져 ADA 결핍증의 유전자 치료는 효과는 불완전했지만 세계 최초로 유전자 치료가 성공한 사례였다. 치료를 받은 아샨티 데실바는 당시 4세, 그녀보다 4개월 뒤에 치료를 받은 신디 키식은 10세였다. 치료 효과가 불완전했던 이유는 유전자 치료 후에도 효소 보충 요법을 계속해야 했기 때문이다.

그러나 무균실에서 나와 가족과 생활하며 친구와 함께 학교에 다닐 수 있게 되었으니 치료 효과는 있었다고 평가해야 할 것이다. 2013년 두 사람은 매년 열리는 미국 면역부전증 기금 대회에 초대받아 나란히 건강한 모습을 보였다. 비슷한 치료는 1995년에 일본에서도 성공했다.

유전자 치료란 무엇인가

기본적인 유전자 치료의 발상은 정상적인 단백질(대부분 효소)을 합성하지 못하는 변이된 유전자 대신 외래 유전자를 도입하여 필요한 단백질을 만드는 것에서 출발했다. 여러 유전자가 관계하는 질병은 발병 메커니즘이 복잡하다. 그 때문에 현재는 병의 원인이 되는 유전자가 하나뿐이라고 판명된 질병을 대상으로 하는 경우가 대부분이다.

앞서 언급한 ADA 결핍증과 OTC 결핍증은 효소 하나의 활성 상실로 발병한다. 따라서 정상적으로 활성화한 효소를 만드는 유전자가 발현되면 병은 호전되어야 한다. 그러기 위해 필요한 유전자를 세포로 옮기는 것이 '벡터'다(144쪽 참조).

유전자 치료에서는 주로 벡터로 무독화한 바이러스를 사용한다. 바이러스성 질병은 바이러스가 갖고 온 바이러스 염색체 때문에 숙주세포(다른 미생물을 기생시켜 영양을 공급하는 세포-옮긴이) 내에서 바이러스가 스스로 증식해 숙주세포가 파괴된다. 거기서 유전자 재조합 기술로 바이러스 염색체에서 바이러스의 자기 증식에 관한 유전자를 잘라내고, 유전자 치료를 위해 옮기고 싶은 유전자를 삽입한다. 그러면 바이러스의 감염력 덕에 목적인 유전자가 숙주세포 내로 옮겨져 정상 효소가 만들어진다.

그렇다면 왜 아샨티는 치료에 성공했는데 제시는 목숨을 잃게 되었을까? 그 이유는 유전자 치료의 원리적 문제가 아니라 방법의 미숙함과 병의 상태(성질)에 있었다. ADA 결핍증의 치료 대상은 조혈 세포(림프구는 백혈구로 분류된다)이므로 자신의 골수에서 체

◆ 유전자 치료=유전자 도입

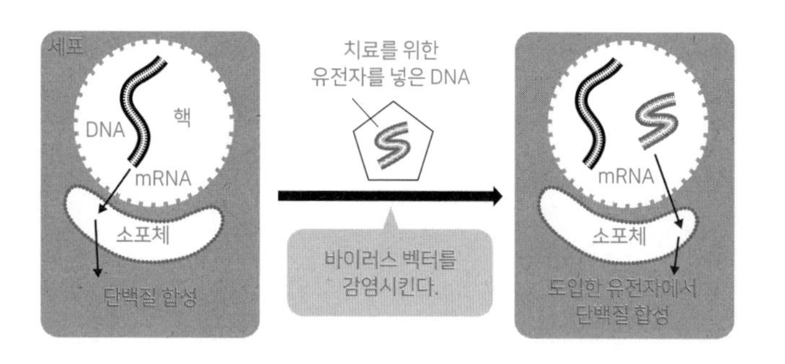

유전자가 기능하지 않아서 일어나는 질환을 치료하기 위해 외부에서 정상 유전자를 도입한다. 독성을 발휘하는 유전자를 깎아낸 바이러스에 필요한 유전자를 넣어 환자에게 감염하면 정상적인 단백질이 만들어진다.

외로 분리한 조혈 세포에 벡터를 섞어서 골수 이식처럼 되돌린다.

ADA 결핍증은 조금이라도 ADA 활성이 나타나면 상당한 회복이 예상된다. 부족한 몫을 효소 보충 요법으로 보충할 필요는 있지만 그래도 무균실에서 지낼 필요는 없어진다.

한편 OTC 결핍증의 치료 대상은 간세포여서 벡터를 간에 직접 주입했다. 그런데 벡터(바이러스)에 감염된 간세포를 면역이 공격하여 파괴해버린 것이다. 제시보다 먼저 치료를 받은 17명에게도 같은 일이 일어났겠지만, 제시의 면역반응이 너무 강했을 것이다. 벡터의 양이 제시에게 과했다는 분석이나 무리한 실험이었다는 비판도 있다.

제시의 망가진 간세포에서는 혈중으로 대량의 단백질이 유출되었다. OTC 결핍증은 단백질을 대사할 수 없는 병이다. 따라서 혈중 암모니아 농도가 급격히 상승하여 제시가 죽음에 이르렀다고 추측된다. 유전자 치료의 원리적 문제 때문이 아니라는 말은 그러한 의미다.

그러나 이후 다른 병에 대한 유전자 치료에서도 사망 사례가 몇 건 더 나왔다. 유전자를 도입한 염색체 부위가 좋지 않은 탓에 정상적인 유전자 배열을 비집고 들어가 세포가 암으로 변한 것이 원인이었다.

이는 유전자 치료의 원리적 문제와 관련이 있다. 기본적으로 외래 유전자 도입은 확률적인 것이다. 염색체에 삽입되는 것도 무작위였다. 최근에는 '게놈 편집(146쪽 참조)'이라는 기술이 개발되어 전보다는 잘 조준할 수 있게 되었지만, 기본적으로는 조준한 염색체 부위에 삽입하는 기술은 아니다.

즉, 유전자 치료의 안전성을 높이려면 벡터 개선이 필요했다. 그래서 최근에는 더 안전한 벡터가 개발되었다. 평소에 우리가 몇 번이나 감염되는 바이러스를 사용함으로써 바이러스 감염에 따른 기타 나쁜 작용이 일어나지 않도록 한다. 물론 여러 번 시험을 거쳐 안전성을 확인해야 하지만 말이다.

재생 의료와 iPS 세포

최근에 기대받고 있는 유전자 치료의 목표는 암이다. 암에 대한 유전자 치료에는 크게 두 가지 유형이 있다. 하나는 암유전자를 정상화하는 것, 다른 하나는 암세포가 아폽토시스하도록 유전자 발현을 유도하는 것이다.

이름이 헷갈리-지만, 암유전자는 평소에 암으로 변화하는 것을 막는 유전자를 말한다. 어느 시기에 변이하여 세포가 암으로 변했을 때 기능이 저하되거나 반대로 과다하게 기능하는 유전자다. 그래서 이러한 암유전자를 목표로 정상화하는 것이다. 최근에는 마이크로 RNA(miRNA)가 주목을 끌고 있다. miRNA가 활동 중 이상이 생기면 일부 암의 원인이 된다는 연구 결과가 나와 miRNA를 정상 작동하도록 만드는 것 또한 치료의 목표이다.

원래 이상이 생긴 세포는 스스로 활동을 정지하고 분해된다. 이를 '아폽토시스'라고 부른다. 프로그램된 세포의 죽음 또는 세포의 자살이라고도 표현하는데, 발생 단계에서 몸의 형태를 만들 때도 필요한 세포의 기능 중 하나다. 노화되거나 상처를 입어 회복을 기대할 수 없는 세포도 아폽토시스가 유도되고, 유도가 잘되지 않으면 암으로 변하기도 한다.

여기서 두 번째 치료 목표가 나온다. 암으로 변한 세포에 아폽토시스를 하기 위한 유전자를 도입한다. 현재 이에 관한 많은 임상 시험이 진행되고 있으며 일부 백혈병에도 효과가 있다는 사실이 밝혀졌다.

또한 암 외에 망막색소변성증의 일부에서 원인 유전자를 아는 경우에 한해 임상 시험이 진행되고 있다. 망막색소변성증이라는 말을 듣고 일본에서 실시한 iPS 세포의 임상 응용 뉴스를 떠올린 독자도 있을 것이다. 이는 iPS 세포로부터 만들어진 장기이식으로 일본에서 실시한 세계 최초의 쾌거였다. 물론 현재까지 문제는 일어나지 않은 듯하다.

엄밀히 따지면 유전자 치료는 아니지만, 유전공학에 기대하는 의료로 주목받는 것이 재생 의료다. 따라서 이 장에서도 간단하게 재생 의료 이야기를 하려고 한다.

재생 의료가 나아가는 목적 중 하나는 장기 작성 기술의 개발이다. 요컨대 환자에게 이식하기 위한 장기를 인공적으로 만드는 것이다. 물론 기계로 만든 인공장기 개발도 진행되고 있지만, 이 장에서는 이른바 축축한 (배양세포에서 만드는) 인공장기를 해설하는 정도에 그치려 한다.

재생 의료에서 iPS 세포에 주목하는 이유 중 하나는 이식 장기를 환자의 세포와 똑같은 게놈 세포로 만들어 원리상 자가 이식과 마찬가지기 때문이다. 이른바 복제에 해당하여 장기이식의 거부반응을 피할 수 있다. 따라서 면역 억제제를 평생 동안 투여할 필요가 없으며, 환자의 삶의 질을 높일 수 있다. 또한 iPS 세포는 '다능성'이라는 이름에 걸맞게 다양한 장기의 세포로 유도할 수 있다는 점도 매력적이다.

단, 현시점에서는 세포 레벨의 분화에 머물러 있어서 자유롭게 장기를 구축하는 수준까지는 도달하지 못했다. 현재 피부와 같이 시트 상태인 장기는 재현하기 쉬운 듯하다. 앞서 언급한 망막색소변성증도 망막이라는 편평한 층 형태의 조직이라 비교적 만들기 쉬웠다는 측면이 있다. 실제 장기는 다양한 종류의 세포가 질서 바르게 입체 구조를 유지하고, 안에는 혈관계나 분비관을 배열한다.

전 세계의 과학자들은 이를 자유롭게 제어하는 방법을 모색하고 있다. 3D 프린터와 세포배양을 조합하는 연구도 진행되고 있다. 아직 몸 밖에서는 장기 한 개도 만들 수 없다. 그러나 장기의 토대가 되는 세포 덩어리를 체내에 이식하면, 놀랍게도 장기로 성장하게 할 수 있다. 이 지점에서 인간 대신 동물에게 장기를 만들게 하는 장기 목장 아이디어가 생겨났다.

물론 실용화되려면 아직 한참 멀었기에 차근차근 연구가 진행되는 단계다. 참고로 장기를 만들어주는 동물로는 돼지를 꼽을 수 있다. 돼지의 내장은 생리학적 기능 혹은 해부학적 크기로 봤을 때 인간과 비슷하기 때문이다.

평범한 돼지에게 인간의 장기를 만들게 하거나, 반대로 돼지의 장기를 인간에게 이식하면 심한 거부반응이 일어난다. 그래서 인간의 세포에서 만들어진 장기를 지닌 키메라 돼지를 만드는 실험이 진행되고 있다. 키메라란 유전정보(게놈)가 다른 세포가 섞인 채 존재하는 개체를 말한다. 구체적으로는 면역 부전 혹은 목적하는 장기를 만드는 유전자가 녹아웃된 돼지의 배아를 만든다. 이 배아를 발생하게 만들 때 인간의 세포를 섞어두는 것이다. 그러면 발생하는 돼지의 몸 속에서 녹아웃된 장기를 보충하는 형태로 인간의 장기가 완성된다.

실험용 쥐를 사용한 비슷한 실험이 성공했으니 조금 더 연구가 진행되면 돼지로도 만들 수 있게 되지 않을까? 현재는 면역 부전 돼지의 개발이 진행되고 있는 단계다.

마지막으로 유전자 치료에 관해 항간에 떠도는 문제에 대해서도 이야기하겠다. 일부 개업 의사 중에는 마치 효과가 있는 것처럼 새로운 치료를 광고하는 일이 있다. 물론 그런 치료는 자비 진료인 데다 비용이 높은 경우가 많다.

여기까지 읽은 독자 여러분은 이해하겠지만, 현시점에서 유전자 치료나 재생 의료라 불리는 것은 어디까지나 실험실 수준 이야기이지 효과나 안전성 등이 확인된 것은 아주 적다. 게다가 마치 누구에게나 효과가 있는 양하는 광고에는 문제가 있다. 기대한 대로 효과가 나타나지 않아 소송이 벌어지는 경우도 있는 모양이다. 물론 모든 자비 진료를 비판하는 것은 아니므로 오해하지 말길 바란다. 모든 일은 생명과 관련이 있다. 환자나 가족들이 냉정하게 과학적으로 판단하길 바랄 따름이다.

야마나카
신야
iPS 세포는
재생의료의
비장의 카드다!

인류의 공포, 바이러스의 끈질긴 역사

바이러스도 생명일까

일상생활에서 갑자기 유행하는 병만큼 사람들의 두려움을 사는 것도 많지 않다. 인류와 질병의 싸움은 과학이 발달한 세상에서도 아직 끝날 기미가 보이지 않는다. 병에는 여러 가지 원인이 있지만, 여기서는 유전자와 직접 관련된 바이러스에 초점을 맞춰 이야기하려 한다.

사실 바이러스를 생명체라고 볼 수 있는지 아닌지에 대해서는 의견이 분분하다. 왜냐하면 바이러스란 스스로 독립해서는 존재하지 못하기 때문이다. 그렇다면 도대체 바이러스는 어떻게 존재할까? 바로 다른 세포 안에 침입해 진입한 세포 내의 소기관을 이용한다.

바이러스가 세포에 진입하는 것을 감염이라고 부른다. 그러나 바이러스라고 해서 어떤 세포든 감염하는 것은 아니다. 각 바이러스에는 자신이 감염할 수 있는 세포가 정해져 있다. 어떤 종 어떤 기관의 세포인지는 그야말로 취향 차이다. 예를 들어 박테리오파지라 불리는 바이러스는 세균에 감염하는데, 종류에 따라 감염하는 세균이 다르다.

그러나 서로 다른 종에 걸쳐서 감염하는 바이러스도 있다. 이른바 병원성 바이러스인 경우가 많아 골치가 아프다. 병원성 바이러스로는 인플루엔자(독감) 바이러스를 들 수 있다. 인플루엔자 바이러스는 돼지와 물새와 인간 사이에서 감염한다. 더 정확하게 말하면 물새와 돼지, 돼지와 인간 사이에서 공통 감염한다고 한다. 물새에게는 인플루엔자 바이러스 감염이 그렇게 심각한 병은 아니다. 그런데 그 바이러스의 돌연변이가 인간도 감염되게 했다고 추측된다.

인플루엔자는 해마다 유행한다. 감염을 예방하기 위해 백신을 접종하는데, 인플루엔자 바이러스는 돌연변이가 빨라서 인간의 면역기능이 따라가지 못한다. 돌연변이가 빠른 이유는 돼지와 물새, 인간 사이에서 일어나는 공통 감염에서 찾을 수 있다.

◆ 인플루엔자 바이러스가 감염하는 메커니즘

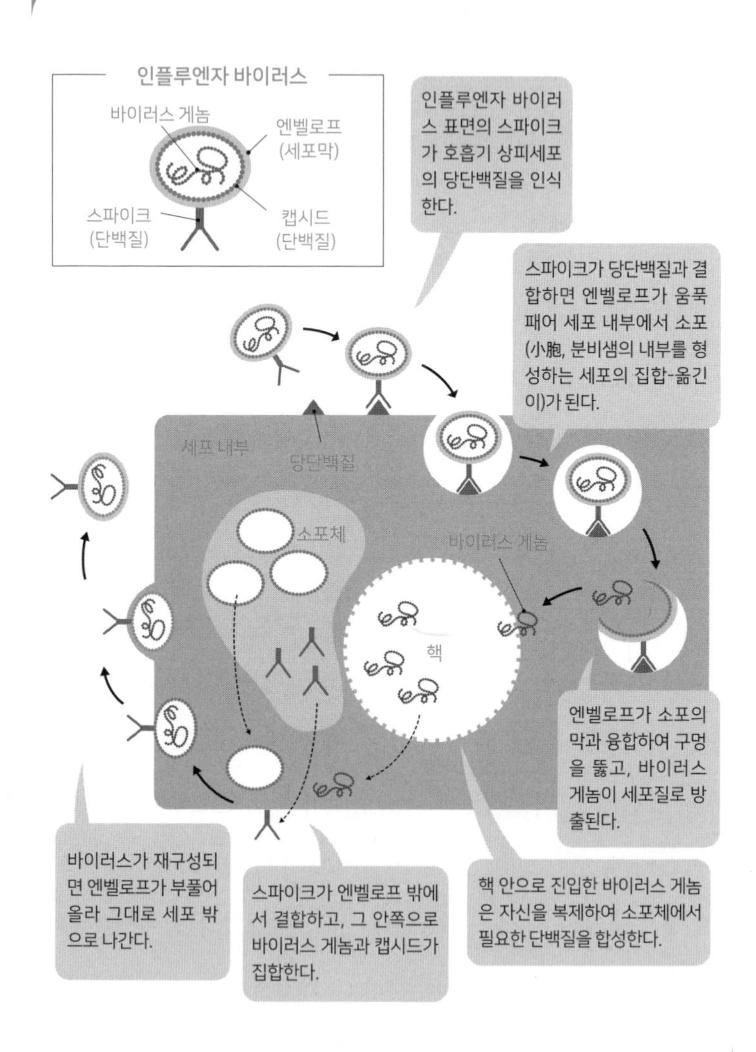

사실 돼지에게 새의 인플루엔자와 인간의 인플루엔자를 동시 감염하면 두 바이러스의 유전정보가 돼지 안에서 서로 섞인다. 일종의 유전자 재조합이다. 인플루엔자는 하나의 개체 내에서도 돌연변이하기 쉬운 바이러스인데, 두 종류의 바이러스 유전자가 섞임으로써 돌연변이를 더 빠르게 만든다.

바이러스는 캡시드라는 단백질 껍질로 둘러싸인 유전정보(핵산) 덩어리다. 핵산에는 데옥시리보핵산(DNA)과 리보핵산(RNA)이 있는데, 크게 나누면 바이러스의 유전정보는 둘 중 한쪽을 사용한다. B형 간염 바이러스처럼 DNA와 RNA 양쪽 모두를 포함한 예외도 있지만 극히 드물다.

질환의 원인이 되는 바이러스는 모두 무섭지만, 특히 RNA 바이러스는 돌연변이가 빠른 것이 특징이다. 예를 들어 앞서 소개한 인플루엔자 바이러스나 현재 지구상에서 가장 무서운 질병 중 하나인 에볼라 출혈열의 원인인 에볼라 바이러스도 RNA 바이러스다. 에볼라 바이러스는 감염력이나 치사율이 높으므로 연구할 때는 생물안전도(Biosafety level)가 가장 엄중한 BSL4에서 실시해야 한다.

에볼라 출혈열과 HIV

에볼라 출혈열은 1978년에 중부 아프리카의 콩고민주공화국에서 바이러스가 발견된 이래 중부 아프리카에서 빈번하게 유행을 반복했다. 2013년 말부터 시작된 유행은 서아프리카에서 발생했다. 라이베리아 공화국은 2015년 5월에 유행 종식을 선언했지만, 11월에 새로운 환자가 발견되었다. 시에라리온 공화국에서도 2015년 9월 마지막 주 이후 신규 감염자가 확인되지 않았지만, 아직 안심할 수 없는 상태다. 아프리카의 다른 지역에서도 경계가 필요하다.

RNA 바이러스와 비슷한 무리 중에 레트로바이러스라 불리는 그룹이 있다. 레트로바이러스는 '역전사(逆傳寫)'라는 현상을 사용하여 감염한 세포의 DNA에 자신을 잠입하게 만드는 특수한 바이러스다. 유전자가 발현하여 형질이 생기기까지 정보의 흐름을 살펴보면, DNA에서 RNA를 읽고(전사) RNA에서 단백질이 합성된다(번역). 다시 말해 역전사란 RNA에서 DNA로, 즉 반대 방향으로 유전정보가 이동하는 것을 말한다.

인간에게 감염하는 레트로바이러스 무리에는 감염된 세포에 종양(특히 육종)을 일으키는 것이나 면역세포를 파괴하는 것이 있다. 가장 유명한 레트로바이러스는 인간 면역결핍 바이러스(HIV)일 것이다.

HIV는 후천성 면역결핍 증후군, 이른바 에이즈(AIDS)의 원인이 되는 바이러스다. 인간 림프구의 일종인 보조 T 세포(면역기능의 사령탑)에 감염하여 파괴하기 때문에 면역력을 극단적으로 약하게 만든다. 그 결과, 평소에는 걸리지 않던 감염력이 약한 세균까지 감염되게 하는 것이다.

레트로바이러스는 감염한 직후 세포의 DNA에 잠입해 침묵하다가 어떤 시기에 활성화하여 복제를 시작하고 감염한 세포를 파괴한다. HIV는 면역세포를 파괴하는 만큼 백신 개발이 어려운데, 최근에는 좋은 항바이러스제가 생기기 시작했다. 완치까지는 아니지만 평범한 일상생활을 할 수 있을 만큼 증상을 억제할 수 있게 되었다.

일반적으로 항바이러스제는 바이러스 종류에 따라 사용하는 약의 조합이 다르다. 그런 와중에 광범위한 RNA 바이러스에 효과가 있는 새로운 약이 등장했다. 파비피라비르라는 이 약은 도야마대학의 시라키 기미야스(白木公康) 교수와 도야마 화학공업이 개발한 RNA 의존성 RNA 중합효소 저해제이다. 에볼라 출혈열이 유행했을 때 효과 있는 약으로 화제가 되었기 때문에 이름을 들어본 독자도 있을 것이다.

간단히 설명하자면, 대개 바이러스는 전사를 할 때 DNA를 틀로 삼아 상보적인 mRNA를 합성한다. RNA 의존성이란 RNA를

◆ 역전사에 관한 이야기

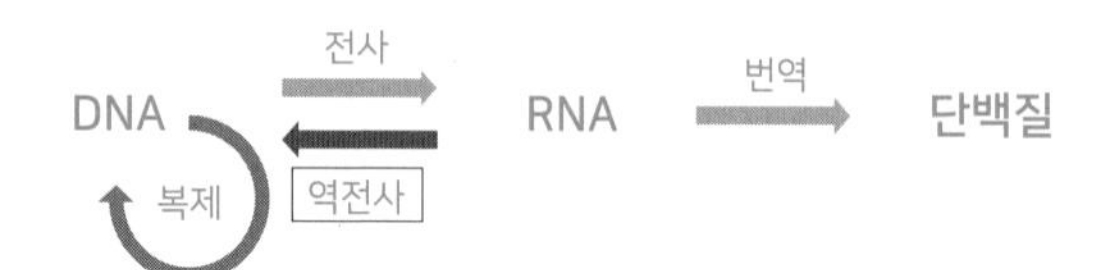

복제효소: DNA 의존성 DNA 중합효소
전사효소: DNA 의존성 RNA 중합효소
역전사효소: RNA 의존성 DNA 중합효소

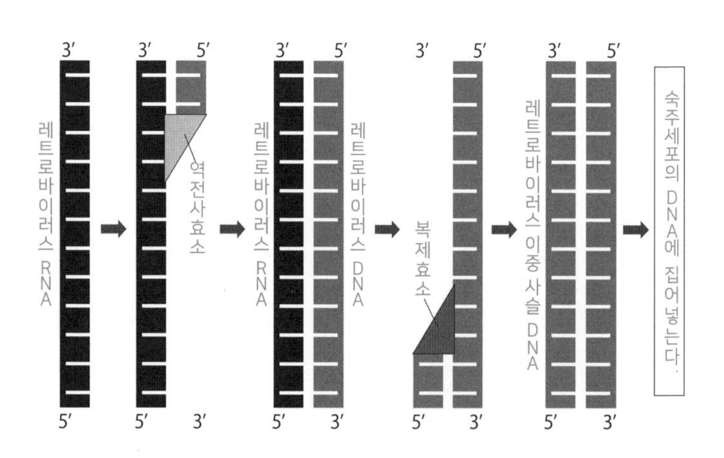

레트로바이러스는 역전사효소로 자신의 상보적인 DNA를 합성한다. 그 후 숙주세포 시스템을 사용하여 이중 사슬 DNA가 되고, 특수한 효소를 사용하여 숙주 DNA 안으로 자신을 집어넣는다. DNA나 RNA는 3′ 말단과 5′ 말단을 가지며 이중 사슬이 됐을 때 엇갈린다.

틀로 삼는다는 의미이고, RNA 중합효소란 틀과 상보적인 RNA를 합성하는 효소를 말한다. 파비피라비르는 그것의 활동을 방해하는 저해제이다.

원래 파비피라비르는 항인플루엔자 바이러스 약으로 개발되었다. RNA 바이러스의 돌연변이와 상관없이 RNA 의존성 RNA 중합효소를 이용하는 바이러스라면 그 바이러스가 어떤 종류든 효과를 기대할 수 있다. 사실 인플루엔자 바이러스는 물론 앞서 언급한 에볼라 바이러스 외에 식중독의 원인인 노로 바이러스에 대해서도 효과가 확인되었다.

그러나 한 가지 큰 문제가 있었다. 파비피라비르는 최기성(태아에게 기형이 생기는 것)이 있다. 따라서 임신부나 임신 가능성이 있는 여성에게는 사용할 수 없다. 남성도 약효 성분이 정액에 포함되기 때문에 투여 기간 중은 물론 투여를 중지한 다음에도 일주일 동안 피임해야 한다.

사실 미량이지만 인간에게도 RNA 의존성과 RNA 중합효소가 있었다. 아마 세포 내 유전자 발현 조절에 작용하는 듯하다. 그러한 사정도 있기 때문에 파비피라비르는 사용 승인을 받았지만, 종래의 항바이러스제로는 효과가 없던 인플루엔자가 유행할 것 같을 때만 제조한다. 이른바 판데믹(전 세계적으로 유행하는 감염증)에 대비한 위기 관리용 약이기 때문에 현재 시장에서 팔리지는 않는다.

천연두와 인류의 싸움

감염증은 한번 퍼지면 무시무시한 사태가 벌어진다. 인류는 지금까지 몇 번이고 감염증인 판데믹으로 고통스러워했다. 그런 가운데 인간에게 감염하는 병으로는 유일하게 세계에서 완전히 뿌리 뽑기에 성공한 감염증이 있다. 바로 천연두다. 천연두는 예로부터 알려진 병인데, 가장 오래된 기록은 기원전 1350년에 벌어진 히타이트와 이집트의 전쟁 때였다고 한다.

천연두로 사망한 사실이 확인된 가장 오래된 인류는 고대 이집트 왕조의 파라오인 람세스 5세다. 그의 미라에 천연두 흔적이 남아 있다고 한다. 유럽에서도 천연두 때문에 상당한 고통을 겪었다. 165년에 고대 로마 제국에서는 천연두로 350만 명이 사망했다고 한다. 실제로 감염되고 치료한 사람을 포함하면 중세 유럽인 거의 대부분이 천연두를 경험했다고 추측할 수 있다.

여담이지만, 중세 귀족들은 초상화를 많이 남겼는데 르네상스 때 활약한 초상화가들 사이에서는 암묵적 규칙이 있었다고 한다. 독자 여러분은 그것이 무엇인지 짐작되는가? 정답은 '얼굴의 마맛자국은 그리지 않는 것'이었다. 현재로 말하자면 포토샵으로 이미지를 보정하는 것이나 마찬가지다. 천연두의 특징으로는 피부에 울퉁불퉁한 마맛자국이 생기는 것을 들 수 있는데, 회복하더라도 흉터가 남는다. 그만큼 천연두는 사회에 만연했던 것이었다.

기원전부터 이어진 천연두와 인류의 싸움에서 인간이 계속 지기만 한 것은 아니다. 병에 대한 면역반응은 예로부터 알려져 있었다. 한 번 걸리고 회복했을 때는 다시 걸리지 않거나 혹은 걸려도 가볍게 끝난다는 경험상의 법칙이다.

이를 근대 의학적 치료법으로 확립한 것은 18세기 때였다. 에드워드 제너(Edward Jenner)가 '종두법(백신)'을 개발한 것이다. 천연두는 공기로도 감염될 정도로 감염력이 강하고 사망률도 20~50퍼센트로 높은데, 회복하면 두 번 다시 걸리지 않는다. 그 때문에 치료법으로 증상이 가벼운 환자에게서 일부러 옮는 방법을 취했다.

그러나 이는 사망률이 20퍼센트나 되는 위험한 방법이었다. 사실 소나 말, 돼지 등의 가축에게도 비슷하게 마맛자국이 생기는 약한 병이 있었다. 그 병은 인간도 감염되었는데 하인들이 잘 걸렸다. 그렇지만 증상이 가벼워 바로 회복했고 그 후에는 천연두에 걸리지 않았다고 한다.

제너는 18년에 걸쳐 가축이나 환자들을 계속 관찰한 결과, 가축의 이 병은 천연두와 친척 관계와 다름없고 인간에게는 증상이 가벼운 병이라고 확신했다. 초기 실험에서는 자신의 아들에게 돈두(돼지가 걸린 바이러스-옮긴이)에서 채취한 고름으로 종두(바이러스를 심는 것-옮긴이)를 했다. 이때는 천연두 예방에 성공했지만 결과가 안정적이지 못했다.

그것을 개량해서 1796년 자신의 집 하인 아들인 제임스 핍스에게 우두(소가 걸린 바이러스-옮긴이)를 사용해 시험한 것이 완성된 종두법의 첫 사례였다. 현재의 윤리적 관점에서 보면 인체 실험이라고 지적받아도 마땅한 면이 있지만, 아주 신중하게 실험을 실시했다는 사실을 엿볼 수 있다. 현시점에서 보면 충분히 설명하고 동의를 얻은 듯하다.

제너는 2년 후 수많은 증례를 논문으로 정리해 영국 과학계의 정점인 왕립학회에 투고했지만, 학자들은 그를 상대해주지 않았다. 그는 친구의 조언에 따라 논문을 자비로 출판했고, 종두법은 눈 깜짝할 사이에 유럽 전역으로 퍼졌다. 종두법에 대한 비판의 소리도 있었다. 소의 고름을 체내에 넣으면 뿔과 꼬리가 생긴다는 미신도 있었다는데, 신이 올라탄 소의 성스러운 고름이라고 설득했다는 이야기가 전해진다.

다른 한편으로 제너는 "종두는 효과가 없다"라는 의사들의 비판에도 답했다. 원래 낙농가나 축산 농가가 아니면 우두를 바르게 구분할 수 없다. 그래서 제너는 논문의 속편을 출판하여 올바른 종두법을 전파했다. 거기서 연구를 멈추지 않고 많은 증례를 추가로 보고했다. 이러한 제너의 착실한 노력으로 천연두의 위세는 점점 꺾여갔다.

나폴레옹의 한마디

제너는 결코 종두법으로 돈을 벌고자 하는 마음은 없었다. 게다가 어디까지나 자신을 겨우 영국 시골구석에 있는 의사라고 생각했다. 그러나 이 정도로 세상에 영향력을 미친 '시골구석 의사'도 없었을 것이다.

당시는 19세기가 막 시작된 참이었다. 프랑스혁명 후 잠잠해질 틈도 없이 유럽은 다시 전쟁으로 난리가 났다. 이때 프랑스에서 권력을 장악한 사람이 그 유명한 나폴레옹 보나파르트(나폴레옹 1세)였다.

전쟁 중이었으므로 적국 사람이 섣불리 이동하면 스파이로 의심받아 구속되는 일도 빈번히 일어났다. 제너의 친구인 영국인 과학자 두 사람도 학술 목적으로 여행하던 중에 프랑스군의 포로가 되었다. 제너는 나폴레옹에게 직접 편지를 써서 석방해달라고 탄원했다. 아주 바쁜 나폴레옹은 말 위에서 받은 편지를 힐끗 보고 필요 없다는 듯 내던졌다가 보낸 사람의 이름을 듣고 이렇게 외쳤다고 한다. "제너인가! 그의 부탁이라면 거절할 수 없지!"

사실 군대에서 감염증은 어마어마하게 큰 문제다. 전쟁터는 위생 환경도 나쁘고 사람이 밀집하고 있으니 한번 감염증이 유행하기 시작하면 손쓸 도리가 없어진다. 획기적인 감염증 예방법을 개발한 제너는 나폴레옹에게 칭송받아 마땅한 공적을 지닌 사람이었다. 적국 사람이었지만 놀랍게도 표창까지 한 상태였다.

현재 영국 런던 켄싱턴 공원에는 제너의 동상이 세워져 있다. 일본에도 제너를 본뜬 동상이 세워졌다. 동상은 도쿄 국립박물관을 정면으로 바라봤을 때 오른쪽에 있으며, 종두 발명 100주년을 기념하여 메이지 29년인 1896년에 기획되었다고 한다. 제너를 소개하기 위해 선나(善那, 일본어 발음인 젠나를 한자로 나타낸 것-옮긴이)라는 한자에 제너의 일본식 발음을 맞춰 쓴 것에서 그에 대한 일본인들의 존경심이 엿보인다.

일본에 본격적으로 우두법이 보급된 것은 사가 번(막번 체제에서 독립적인 영지를 지배한 조직을 번이라 하고, 사가는 당시 지명이다-옮긴이)이 백신을 수입한 1849년 이후다. 우두법 보급에 힘을 쏟은 인물이라면 데키주쿠(난학자이자 의사로 알려진 오가타 고안이 에도시대 후기에 오사카에 연 난학 학원-옮긴이)로 유명한 오가타 고안(緒方洪庵)을 소개하지 않을 수 없다. 고안 본인도 8세 때 천연두에 걸렸고, 의사가 된 후 천연두 환자를 간호한 적도 있어서 특히 관심이 깊었을 것이다. 그는 사비를 털어 보급 활동에 힘썼고, 가난한 자는 무상으로 치료했으며 유복한 자에게는 작은 성의를 받았다고 한다.

참고로 '소 고름을 체내에 넣으면 뿔과 꼬리가 생긴다'는 미신은 영국뿐 아니라 일본에도 있었다. 고안과 사람들이 백신을 백신(百神)이라고 표기하고, 흰 소에 올라탄 동자가 도깨비 모습을

한 천연두를 혼내는 목판화 우두아도(牛痘兒の圖)를 만드는 등 대중 사이에 널리 퍼진 당시의 편견을 깨기 위해 궁리한 이야기들이 지금도 전해지고 있다.

여기서부터 이야기는 1958년으로 넘어간다. 당시 세계보건기구(WHO)에서 천연두 근절 계획이 가결되었다. 전 세계에서 천연두 백신을 접종했고 천연두 환자는 급격히 줄어들었다. 1970년에는 서아프리카에서, 1971년에는 중앙아프리카와 남미에서 근절이 확인되었다. 아시아의 마지막 환자는 1975년에 확인된 방글라데시의 3세 여자아이였다. 그리고 1977년 소말리아인 청년 알리 마오 마란의 감염을 끝으로 3년 후인 1980년에 WHO는 천연두가 근절되었다고 선언했다.

현재는 세상 어느 곳에도 천연두 바이러스가 존재하지 않을 것이다. 이는 바꾸어 말하면 천연두에 면역을 가진 사람이 아무도 없다는 뜻이다. 지금 만약 천연두가 인류 앞에 모습을 드러낸다면 확실히 판데믹이 될 것이다. 생물 병기로서 테러에 사용될 우려도 있다.

그래서 만약에 대비해 백신 제조를 위해 지구에서 단 두 곳에만 천연두 바이러스를 비축하도록 허가되었다. 물론 이 바이러스는 생물안전도가 가장 엄중한 BSL4에서 관리되고 있다. 이 허가가 결정되었을 당시의 세계 정치 상황도 엿보인다. 한 곳은 미국 질병예방관리센터고, 다른 한 곳은 러시아 국립 바이러스학 생명공학 연구센터다. 후에 유전정보를 해석하면 보관하던 바이러스는 파기하기로 이야기되어 있었는데, 미국이 정치적 판단 때문에 강경하게 반대하여 백지상태가 되었다.

백신을 둘러싼 유언비어

일본에도 백신을 제조하기 위해 독성을 약화한 변이주(어떠한 변이를 일으키고 있는 개체-옮긴이)가 있다. 진짜 천연두 바이러스는 아니므로 미국이나 러시아와는 다르게 취급한다. 백신의 안전성을 높이기 위해 지바현 혈청연구소가 개발했다. 2002년에 혈청연구소가 폐쇄된 후에는 구마모토현의 화학 및 혈청요법연구소가 관리하고 비축용 백신을 제조하고 있다. 참고로 일본 내의 천연두 환자는 1955년을 끝으로 나타나지 않고 있다.

백신이라는 무기를 손에 넣은 인류는 이대로 온갖 병을 극복할 것처럼 보였다. 그러나 두 가지 이유로 천연두를 박멸한 것처럼 다른 병을 제압하지는 못했다.

하나는 기본적으로 천연두가 인간에게만 감염되는 병이었다는 사실이다. 곤충이나 동물을 매개로 한 전염병은 대상이 되는 곤충 등을 완전히 죽이기 어려워 좀처럼 박멸에까지 이르지 못하고 있다. 다른 한 가지 이유는 사회에 만연하는 편견이나 유언비어 문제다. 제너의 시대부터 200년이나 지났는데도 아직까지 백신을 부정하는 일부 사람들이 있다. 그들의 이야기는 두 가지로 나뉜다.

첫 번째는 백신의 안전성에 대한 걱정이고, 두 번째는 안전에 대한 유언비어다. 안전성 문제에 관해 이야기하면, 기본적으로 어떤 약이든 부작용은 존재한다. 흔히 한방약(생약)은 자연의 약이니까 안전하다고 하는데, 한방약에도 물론 부작용은 있다. 백신의 경우 부작용이라고 하지 않고 부반응이라고 부른다. 용어 사용법은 관습적인 것일 뿐 의미에는 큰 차이가 없다.

사실 약의 부작용이나 백신의 부반응은 유해반응이라는 명목으로 행정부에 보고된다. 엄밀히 말하면 유해반응이란 투여 후 일정 기간 내에 나타나는 건강을 해치는 증상을 뜻하는데, 부작용 그 자체는 아니다. 인간에게 투약하는 경우에는 실험동물과 다르기 때문에 부작용과 다른 영향을 구별하기란 사실 불가능하다.

감염증에 걸리는 것과 백신의 부반응을 비교한 경우, 감염증보다 부반응에 더 부정적인 감정을 갖는 사람이 많은 듯하다. 백신의 부반응은 인공적이니 피할 수 있다고 생각하는 것일까? 냉정하게 따지면 개인이나 집단이 전염병을 피하는 장점이, 수만 명에서 수십만 명 중 한 사람에서 나타나는 백신 부반응에 웃돈다는 사실을 알 수 있을 것이다. 그러나 의학에 대한 불신 때문인지 백신에 대한 나쁜 편견이 사라지지 않고 있다.

백신에 관한 유언비어는 크게 세 가지 유형이 있다. 첫 번째로 백신에는 수은이 포함되어 있어 자폐증의 원인이 된다는 이야기를 들 수 있다. 두 번째는 백신이 불임의 원인이 된다는 것이다. 세 번째는 백신이 듣지 않는다는 사실이 연구로 밝혀졌다는 것이다.

첫 번째는 이야기할 필요도 없다. 백신에 살균 목적으로 수은이 미량 포함되는 것은 사실이다. 그러나 백신을 12회나 접종해도 수은은 겨우 참치 초밥 하나에 들어 있는 양과 같을 뿐이다. 게다가 백신에 사용하는 에틸수은은 참치에 함유된 메틸수은보다 수백 배나 안전하다. 백신 접종이 문제라면 초밥 가게에는 발도 들이지 못할 것이다.

애초에 수은과 자폐증도 관계가 없다. 과학적 논쟁도 더 이상 존재하지 않는다. 유언비어의 씨앗이 된 앤드루 웨이크필드(Andrew Wakefield)라는 의사의 논문 「장염과 관련된 후천성 자폐증」(1998년)은 완전히 날조된 것이다. 이 논문을 게재한 의학 잡지 『랜싯』은 2004년에 이 논문이 허위라고 판단했고, 2010년에는 게재를 철회했다. 2010년에 웨이크필드는 의사 면허를 박탈당했다.

두 번째 이야기도 있을 수 없는 일이다. 애초에 포유류를 불임으로 만드는 백신은 존재하지 않는다. 이 건에 관해 일본에서만 특히 문제가 된 백신이 있다. 바로 인유두종 바이러스(HPV) 백신이다.

HPV 감염은 만성적인 점막의 염증을 일으키고, 자궁경부암을 일으킨다고 여겨진다. HPV에서 유래한 자궁경부암은 백신과 정기검진으로 거의 확실히 예방할 수 있다. 선진국에서는 HPV 백신에 따른 자궁경부암이 줄고 있지만, 일본에서는 아주 드물게 발생하는 유해반응이 과도하게 보도되어 백신 보급에 제동이 걸리고 있다.

그 결과, 2015년 9월 제15회 후생과학심의회 예방접종·백신 분과회 부반응 검토부회에서 HPV 백신의 모든 유해반응에 대한 추적 보고를 정리했다. 앞으로는 유해반응이 나타난 환자에 대한 구제 범위 확대와 유해반응에 과학적으로 대응하는 체제를 정비할 예정이다. 애초에 백신을 보급할 때 이미 이러한 체제가 조직되어 있어야 했다. 일본 의료 체제의 준비가 불충분했던 것으로 보인다.

세 번째 유언비어로 꼽을 수 있는 연구는 「백신 비접종 지역의 인플루엔자 유행 상황」이라는 보고서다. 통칭 '마에바시 리포트'

는 인플루엔자 백신의 효과와 부반응에 대한 불신감 때문에 마에바시시 의사회가 독자적으로 실시한 조사를 정리한 것이다. 마에바시 리포트는 원래 학술 논문이 아니며 조사 방법과 평가, 해석에도 과학적으로 의아한 점이 있다.

가장 큰 문제는 인플루엔자와 일반 감기를 구별하지 않았다는 점이다. 간단히 설명하자면 백신 접종률이 높은 지역과 낮은 지역에서 열이 났거나 혹은 장기 결석한 아동을 헤아렸을 뿐이다. 그래도 어느 정도의 경향은 알 수 있다고 치자. 그러나 적절하게 숫자를 읽으면 '백신은 효과가 있다'고 해석해야 하는 자료다.

인플루엔자 백신의 유해반응은 매년 1300만 명 정도 접종한 사람 가운데 40명 정도에서 일어난다. 인플루엔자 바이러스는 변이가 심하기 때문에 백신으로 완전히 감염을 막을 수는 없다. 그러나 영유아나 고령자의 병이 심해지는 것을 막는 정도의 면역 효과는 인정받았다. 일부가 오해하고 있는 듯한데 임신부도 인플루엔자 백신을 접종할 수 있다. 임신 초기에 접종했다고 해서 유산이 늘어나는 일도 없고, 임신 후기에 접종하면 출산 후 한동안 엄마의 면역으로 아기도 좀처럼 인플루엔자에 걸리지 않는다.

또한 앞서 언급한 마에바시 리포트보다 더 과학적으로 철저히 진행한 연구에서는 약 80퍼센트의 초등학교 아동에게 예방접종을 하면 지역 전체의 인플루엔자 감염 위험이 낮아진다는 사실이 증명되었다. 이를 집단면역 효과라고 부른다. 집단면역 효과는 예방접종을 받을 수 없는 사람들까지 포함하여 감염증으로부터 지역을 지키기 위해 공중 위생상 고안한 것이다.

집단의 감염 위험에 관해서는 풍진이 좋은 예가 될 것이다. 풍진은 어른의 경우 비교적 가벼운 증상으로 치유 가능하지만, 임신 초기인 임신부의 경우 아기에게 장애가 남는 일이 있다. 이것을 선천성 풍진 증후군이라고 한다. 풍진 예방접종이 보급되면 사회 전체에서 아기를 지키는 결과로 이어진다. 부디 냉정하게 제너의 종두 개발에 담긴 마음을 느껴주기 바란다.

인간 게놈을 해독하라!

게놈이란 대체 무엇일까

'게놈'이라는 말을 들어본 적이 있는 독자는 얼마나 될까? '유전자'라는 말을 들어본 사람보다는 적을지도 모른다. 게놈이란 생물의 형태를 만드는 유전자 묶음, 즉 유전자 세트라고 생각하면 된다.

게놈(Genome)은 유전자를 뜻하는 gene에 그리스어로 '전부', '완전'을 뜻하는 접미어 -ome을 붙인 합성어다. 개인적인 의견이지만 '연구 대상+옴(ome)'이라는 말에는 자연과학 중에서도 생물학 특유의 발상이 나타나 있다.

전체주의적인 발상이라고 할까? 이에 대응하는 사고로는 물리학적 발상의 원리주의가 해당되리라 본다. 요컨대 같은 자연현상을 연구해도 물리학 등에서는 더 일반적인 이론이나 원리를 추구하여 모델로 만드는 것을 최선으로 한다.

생물학에서도 물론 일반적인 법칙성을 추구한다. 그러나 그것은 일시적인 형식일 뿐 항상 예외를 추가해 포괄적으로 생각한다. 다시 말하면 물리학이 온갖 현상에서 불필요한 것을 깎아내 더 일반적인 원리를 모색하려는 것과 반대로, 생물학은 일반적인 원리에 여러 다양한 현상을 발견해 법칙을 확장하는 방향으로 연구를 진행한다는 이미지가 있다.

최근에는 전사 산물(트랜스크립트)을 포괄적으로 파악하고자 하는 트랜스크립톰(DNA에서 전사된 RNA 전체)이나 단백질을 포괄적으로 파악하고자 하는 프로테옴(번역된 단백질 전체)이 한창 주목받고 있다. 물론 이러한 연구 흐름의 계기가 된 배경에는 유전자를 포괄적으로 파악하려 했던 게놈이라는 아이디어가 있었다.

그 때문에 게놈 프로젝트라는 시도가 다양한 생물을 대상으로 실행되었다. 그러나 더 정확하게 말하자면 게놈 프로젝트란 유전자 본체인 염색체 DNA의 염기배열을 모두 읽는 것이지 거기에 쓰인 유전자의 모든 것, 즉 본래 의미의 게놈을 해독하는 것은 아니다. 어디까지나 게놈을 해독하기 위한 준비다. 하지만 이것은 무척 중요한 준비다.

이러한 흐름에서 출발한 게놈 프로젝트 중 하나가 '인간 게놈 프로젝트'이다. 인간 게놈 프로젝트는 1990년에 미국이 주도하여 시작되었다. 처음에는 당시 약 3조 4천억 원을 예산으로 잡고 15년 계획 기간을 예정했다. 그러나 중간에 계획 진행이 가속화하여 2000년에 대략적인 배열(드래프트 배열)의 해독을 마쳤다. 그리고 제임스 왓슨(James Watson)과 프랜시스 크릭(Francis Crick)이 DNA의 이중나선 구조를 결정한 1953년으로부터 정확히 50년 후인 2003년에 완료되었다.

게놈 해독과 후성적 변이

인간 게놈 프로젝트의 목표는 앞서 서술한 것처럼 인간 염색체 DNA의 염기배열을 모두 열거하는 것이며, 그 마지막 목적은 게놈을 해석하는 데 있다. 이 계획을 통해 DNA 해독 기술이나 데이터 해석을 위한 컴퓨터 관련 기술 개발을 추진하여 의학이나 생물학 발전에 기여하는 것도 파생적인 목적이었다.

물론 어느 한 연구실은커녕 미국이라는 나라가 단독으로 할 수 있는 일은 아니었다. 그래서 전 세계에서 한 인간 몫의 게놈(22개의 상염색체와 2개의 성염색체)을 분담하여 오랫동안 차근차근 염기배열을 결정했다.

참고로 옛날에는 DNA의 염기배열을 수작업으로 해독했는데, 지금은 자동화가 발달하여 DNA 분석기라는 기계를 사용한다. 인간 게놈 프로젝트와 똑같은 일을 현재 주류인 DNA 분석기로 실시하면 열흘 정도, 차세대형 분석기로는 며칠 만에 마칠 수 있다. 현재 개발 중인 최신형이 완성되면 사흘도 채 걸리지 않을 전망이다. 최신형은 후성적 변이도 포함하여 더 고도의 분석도 가능해질 것이다.

원래 인간 게놈 프로젝트란 인간의 31억 염기대를 분담해 읽어내면서 그 데이터베이스를 구축하고, 전 세계의 연구자들이 정보를 공유하며 각 유전자를 해석해가는 식의 연구 프로젝트였다.

서두에 언급한 것처럼 계획 초반에는 연구 기간을 15년으로 예정했는데, 기술이 발달하면서 예정보다 5년이나 빠른 2000년에 드래프트 배열을 발표할 수 있었다. 드래프트 배열은 불완전한 배열을 말하는데, 영어로 드래프트(draft)에는 '초안'이라는 의미가 있다.

지금도 그렇지만, 게놈 해독처럼 긴 염기배열을 읽을 때는 한 번 뭉텅뭉텅 토막낸 후 나중에 재구성한다. 요컨대 드래프트 배열은 절단 부위 부근 등 세부 검토가 불충분한 배열이다. 사실 영어 드래프트에는 '외풍'이라는 뜻도 있다. 꽤 잘 지은 이름이다.

드래프트 배열을 발표하고 3년을 들여 잘못 읽은 것을 확인하거나 틈새 채우는 작업을 진행한 후 완전한 배열을 발표했다. 그 시간까지 합해도 프로젝트는 당초 예정보다 2년이나 빠르게 진행되었다. 계획을 앞당겨 진행한 데는 이유가 있었다.

민영기업 셀레라 제노믹스의 도전

이 국가 프로젝트에 마치 시비를 걸듯 민영기업이 인간 게놈 해독에 참여해왔다. 그 회사는 존 크레이그 벤터(John Craig Venter)라는 인물이 초대 사장을 역임한 셀레라 제노믹스였다. 참고로 벤터는 인공적으로 모든 염색체를 합성한 세균을 만든 것으로도 유명하다.

그때까지 세계 각국의 연구자들은 자신들이 담당한 염색체 유전자를 연구하며 계획대로 해독을 진행했다. 그러나 셀레라 제노믹스는 오로지 DNA 해독에 집중했다. 그들은 '쇼트건 방식'을 사용하여 어마어마한 기세로 해독을 진행해갔다. 쇼트건 방식이란 염색체 DNA를 무조건 조각조각 절단하여 유전자든 뭐든 상관없이 배열을 읽고 데이터로 만드는 방법이다.

수많은 DNA 단편에서 겹치는 부분을 근거로 일일이 염색체를 재구성한다. 마치 땅에 흐트러진 직소 퍼즐 맞추기와 비슷하다. 완성된 그림은 알 수 없고, 근거가 되는 것도 네 종류의 염기뿐이라는 사실이 다를 뿐이었다. 물론 인간이 직접 하기에는 불가능에 가까워 당시 슈퍼컴퓨터를 몇 개월이나 풀가동했다고 한다.

셀레라 제노믹스가 끼어든 목적은 유전자 특허에 있었다. 게놈 프로젝트에서 파생하여 생긴 새로운 유전자 발견이 돈이 되리라고 예측한 것이다. 그러나 이 계획은 연구자 커뮤니티가 '연구 진전을 방해하는 짓'이라고 비판하자 방침이 변경되기에 이르렀다. 다른 사건에 관한 재판에서도 생물이 지닌 유전자는 특허 대상에 해당되지 않는다는 판결이 나오기도 했으니, 연구 목적으로 이용할 때는 기본적으로 자유롭게 접근해도 된다. 그러나 오히려 미래에는 인공 유전자가 특허 대상이 될지도 모른다.

이제 해독된 인간 게놈 이야기로 돌아가자. 여기서 연구자들은 생각지도 못했던 결과를 알게 되었다. 놀랍게도 70퍼센트 이상의 인간 게놈 영역이 생명 활동과 관계가 없다고 추정된 것이다. 게다가 남은 30퍼센트 내에서도 단백질 구조와 관련된 염기배열의 비율은 게놈 전체의 2퍼센트도 채 되지 않았다.

나아가 실질적으로 단백질인 아미노산 배열과 직접 관계가 있는 염기배열의 비율은 2퍼센트도 채 되지 않는 중에서도 10퍼센트에 지나지 않는다고 추측되었다. 독자 여러분도 대부분 쓸모없는 영역이 아닐까 하고 놀랐을 것이다.

실제로 인간 게놈 프로젝트를 종료한 연구진이 인간의 유전자 수가 2만 수천 개 정도뿐이라고 발표했을 때 온 세상 과학자가 입을 다물지 못했다. 예상보다 훨씬 적었기 때문이다. 단, 약간의 주의가 필요하다. 유전자 수라고 해도 어디까지나 추정일 뿐 실제로 기능이 확인된 것은 아니다. 앞서 언급했듯 게놈 프로젝트에서는 염기배열을 결정했을 뿐이다. 그리고 경험상 자주 유전자가 발견되는 특징적인 염기배열을 기계적으로 검출하여 유전자 수를 추측한 것이다.

그러나 어디까지나 추측은 추측이다. 2003년에 인간 게놈 프로젝트가 끝나자 이어서 국제적인 인간 게놈 해석 프로젝트인 통칭 '인코드(ENCODE)'가 시작되었다.

인코드는 'DNA 사전'이라는 이름 그대로 인간 게놈 사전을 만들고자 하는 시도다. 인간 게놈 프로젝트에 따라 염색체에서 본뜬 글자의 나열(염기배열)에 무엇이 쓰여 있는지 해석하는 것이 목적이다. 그야말로 DNA라는 자연 코드(암호)를 연구에 이용하기 쉬운 디지털 데이터로 인코드(부호화)하는 프로젝트라고 할 수 있다.

인간 게놈 프로젝트의 의외의 결과

계획은 현재도 진행 중이지만, 2012년에 프로젝트에 참가한 일본의 이과학연구소에서 공표한 결과 또한 놀라웠다. 연구소의 연구팀은 전사체(Transcriptome, DNA에서 전사된 RNA 전체)를 해석했는데, 이 결과는 놀랍게도 인간 게놈의 80퍼센트에 어떠한 기능이 있을 가능성을 시사했다.

인간 게놈 프로젝트의 예상과 정반대의 결과였다. 세포 속에서 단백질 외에도 다양한 RNA가 활동하고 있을 가능성을 예상하게 만드는 결과였던 것이다. 더 정확하게 말하자면 세포가 분화한 각 단계에서 기능하는 것은 염색체의 30퍼센트 정도이다. 그런데 세포의 종류에 따라 기능하는 염색체 부위가 바뀌기 때문에 전체로 봤을 때는 80퍼센트 정도의 염기배열이 유전자(혹은 조절 부위)로서 활성화할지도 모른다는 것이었다. 하지만 그렇게 전사된 RNA 모두가 어떠한 기능을 갖고 있다고 판단하기에는 약간 성급하다는 비판도 있다.

2014년에 발표된 논문에서는 옥스퍼드대학 연구팀이 진화론적인 접근으로 많은 포유류를 비교해 실제로 기능하는 (생명 활동에 필요한) 염기배열을 추정했다고 한다. 그 논문에 따르면, 인간 게놈에서 단백질 구조를 지정하는 염기배열은 1퍼센트를 조금 넘는 정도뿐이고, 나아가 단백질의 발현을 제어하는 염기배열은

7퍼센트 정도였다. 요컨대 인간 게놈에서 중요한 영역은 8퍼센트를 조금 넘는 정도뿐이라는 뜻이다.

어느 쪽의 추측이 맞는가 하는 문제보다 현시점에서는 어떤 연구 결과든지 일시적인 추측에 지나지 않는다고 생각하는 편이 나을지도 모른다. 실제로 하나하나 확인해가야 될 문제이다.

그도 그럴 것이 2003년의 추정치를 훨씬 뛰어넘어 2015년 8월 현재 데이터베이스에 등록된 유전자는 5만 수천 개에 이른다(매년 늘고 있는 듯하다). 앞서 언급했듯 단백질의 염기배열뿐 아니라 단백질 발현을 제어하는 RNA의 염기배열도 유전자라고 생각한다면, 쓸모없다고 생각했던 영역에 역할이 있었다는 사실을 이제 막 조금씩 알게 된 것이다. 그래도 쓸모없는 것 투성이, 정확히 말해 틈새라는 사실은 아마 변하지 않을 것이다. 그러나 쓸모가 없어도 의미가 없는 것은 아니다. 오랜 기간을 두고 봤을 때는 돌연변이 등을 통해 진화에 유리했다고 여겨진다.

인코드에서 활약하는 이과학연구소의 연구팀을 중심으로 2000년부터 다른 국제 프로젝트가 움직이고 있다. 국제 팬텀(FANTOM) 컨소시엄으로 18개국에서 100개 기관 이상이 참가하고 있다.

FANTOM이란, Functional annotation of mammalian genome의 약자로 포유동물(특히 쥐)의 유전자 기능을 총망라하여 추출하

는 프로젝트다. 국제 팬텀 컨소시엄의 데이터베이스에는 발생의 각 단계에서 나타나는 세포의 유전자 발현도 포함되어 있는데, 거기서 iPS 세포를 만드는 힌트를 얻었다는 사실은 따로 소개하겠다.

 세계 각국의 게놈 해독

인간 게놈 프로젝트는 한 사람의 염기배열을 읽어내는 데 의미가 있었다. 그다음 단계에서는 개개인마다 차이가 있다는 사실도 주목해야 했다. 바로 1,000명 이상의 게놈을 해독해 데이터베이스로 만드는 '1000 게놈 프로젝트'였다. 이 프로젝트는 2012년에 완성되었다.

아프리카의 경우 서아프리카에서 가장 규모가 큰 민족 집단 중 하나인 나이지리아 이바단의 요루바족, 케냐 웨부예의 루히아족, 그리고 케냐 남부에서 탄자니아 북부에 걸친 일대의 선주민 마사이족이 포함되었다.

아시아에서는 도쿄의 일본인과 베이징의 중국인, 유럽에서는 토스카나주의 이탈리아인, 미국에서는 조상이 남북 유럽계인 유타주의 미국인, 휴스턴의 구자라트계 인도인, 덴버의 중국인, 로스앤젤레스의 멕시코계 미국인, 남서부의 아프리카계 미국인 등의 게놈이 데이터베이스로 만들어졌다. 최종적으로는 26개 민족의 2,504명이 참가했다.

1000 게놈 프로젝트의 목적은 다양한 인종을 비교해 게놈의 공통 부분과 개별 부분을 정밀하게 나눠 분석하고, 형태 발생부터 질환과의 관계나 의약품 개발까지 폭넓은 연구에 공헌하는 것이었다.

2015년 9월 과학 잡지 『네이처』에 프로젝트의 연구 성과가 발표되었는데, 여기서 인간 게놈 31억 염기대 가운데 2.93퍼센트의 변이가 확인되었다. 인간 집단의 게놈 변이는 예상보다 많았다. 민족 간에 다른 변이와 공통 변이가 있는 동시에 같은 민족이라도 변이의 개인차가 크다고 말할 수 있다. 그러나 2,000명 정도의 규모는 학문적 의의는 크지만 데이터베이스의 규모로 봤을 때는 작은 편이다. 대규모 게놈 프로젝트에 있어 가장 큰 목적은 의료의 개별화나 예방 의료에 맞춰져 있다.

그런 가운데 세계 각국이 자국민을 대상으로 더 큰 규모의 프로젝트를 차례대로 시작하고 있다. 예를 들어 영국에서는 2012년부터 지노믹스 잉글랜드(Genomics England)라는 50만 명 규모의 프로젝트가 시작되었고, 미국에서도 2013년부터 퇴역 군인 100만 명을 대상으로 밀리언 베테랑 프로그램(Million veteran program)이 시작되었다. 영국의 프로젝트는 특히 환자를 대상으로 하여 병의 상태 파악이나 치료라는 병리학적 연구에 도움이 되도록 하는 것이 주안점인 듯하다.

미국의 프로젝트는 대상이 퇴역 군인이라는 점이 포인트다. 미국 퇴역 군인부에는 방대한 퇴역 군인의 의료 기록이나 건강 관리 정보가 있어 조합하면 치밀한 데이터베이스가 될 것이다. 일본에서도 도호쿠 메디컬 메가뱅크나 바이오뱅크 재팬이 수만~15만 명 규모의 계획을 진행하고 있다.

이러한 데이터베이스는 각 나라에서 독자적으로 보유할 수 있다. 앞서 언급한 것처럼 인종이나 민족에 따라 염기배열에 차이가 있기 때문이다. 약의 효능도 그러한 차이와 관련 있을 가능성이 있다.

데이터베이스가 거대해질수록 더 정밀한 차이를 해석할 수 있다. 그러나 그러한 해석은 이미 사람의 손으로 가능한 규모를 넘어섰다. 그 지점에서 인간 게놈 프로젝트와 전후하여 생물정보학이라는 학문 분야가 흥했다. 생물정보학은 컴퓨터공학이나 정보공학의 발전도 든든히 받쳐주면서 네 글자로 된 디지털 염기배열에서 의미 있는 정보를 읽어내 유전자 검색이나 기능을 예측할 것으로 기대된다.

게놈 해독의 성과 중 하나인 의료 분야에 대한 공헌은 독자 여러분도 기대가 클 것이라 생각한다. 크게 검사와 치료로 나뉘는

데, 각각 다른 장에서 설명하겠다.

오해받는 미토콘드리아 '이브'

이 장 마지막에 게놈 해독이 가져온 또 다른 큰 성과, 고고학과 인류학에 대한 공헌을 해설하겠다.

독자 여러분은 미토콘드리아 이브라는 말을 들어본 적이 있는가? 이 이브는 현생 인류의 가장 가까운 공통 조상인 한 아프리카인 여성을 말한다. 그녀는 12만~20만 년 전에 살았다고 추측된다. 오해받는 일이 많은데, 당시 아프리카에 그녀만 살았다는 뜻은 아니다. 미토콘드리아는 수정 시 정자에서 난자로 거의 이동하지 않기 때문에 기본적으로 어머니의 미토콘드리아 계열을 자손이 물려받는다.

따라서 남자아이만 낳았던 여성의 미토콘드리아 계열은 거기서 대가 끊긴다. 자신의 미토콘드리아 계열을 후세에 남길 수 있던 것을 운이 좋다고 봤을 때, 미토콘드리아 이브에는 행운의 여성이라는 뜻 외에 별다른 의미는 없다.

미토콘드리아는 세포 내 화학반응에 사용하는 고에너지 분자(ATP)를 생산하는 발전소와 같은 세포 내 소기관으로, 세포핵에 내장된 염색체와는 별개로 독자적인 염색체가 있다.

◆ Y 염색체의 하플로 그룹 O의 분포

Y 염색체의 하플로 그룹은 크게 A부터 R로 분류된다. O는 동아시아에 많은데, 그중에서도 일본인은 O2b로 분류된다.

앞서 언급했듯 어머니의 미토콘드리아 계열이 자손에게 전해지므로 미토콘드리아 염색체의 변이를 비교하면 모계 집단의 역사적인 지역 이동을 추측할 수 있다. 일종의 가계 조사다. 집단에 공통하는 유전자 패턴을 '하플로 타입'이라고 부르고, 하플로 타입이 비슷한 집단을 '하플로 그룹'이라고 부른다.

더 정확하게는 하플로 타입의 유전자 패턴은 단일염기 다형성(SNPs)으로 정해진다. 예컨대 만약 다케우치 가문의 친척 일동에게 공통하는 SNPs가 있다면 그것은 다케우치 가문 하플로 그룹이다. 실제로는 이처럼 좁은 범위를 하플로 그룹이라고 부르지는 않는다. 일본인이나 세계 각 지역처럼 더 큰 하플로 그룹이 대상이 된다.

미토콘드리아와 마찬가지로 Y 염색체의 하플로 그룹을 비교하면 부계 집단에 주목할 수 있다. 흥미롭게도 Y 염색체 하플로 그룹은 이른바 언어학상 '어족(기원이 같은 계통의 언어)의 분포'와 일치하는 경향이 있다. 아마 명명할 때 부계를 택하는 언어가 많았기 때문이라고 보인다.

전 세계의 하플로 그룹을 분석함으로써 태고부터 현생 인류가 지구상을 걸어온 흔적을 더듬어 올라갈 수 있게 되었고, 그때까지의 가설들을 뒷받침할 수 있게 되었다.

절단된 DNA

분자생물학은 20세기 후반이 채 되기도 전에 유전 현상의 기본 메커니즘을 풀어냈다. 일부라고는 해도 생명의 수수께끼 중 일부를 알게 됨으로써 우리는 유전자를 공학적으로 이용할 수 있게 되었다.

뭉뚱그려 말하자면, 유전자란 DNA가 일렬로 늘어서는 네 종류의 핵산 염기다. 한 생물의 세포에서 특정 기능을 발휘하는 DNA 영역(유전자)을 잘라내서 그것을 다른 생물의 세포에 넣고 잘 발현하도록 하는 것(유전자 녹인, Gene knock-in). 혹은 특정 유전자의 발현을 막는 것(유전자 녹아웃, Gene knock-out)이 유전공학의 기본이다.

DNA 자체를 편집하려면 제한효소와 DNA 라이게이스(연결효소)를 사용한다. 원래 제한효소는 세균이 바이러스로부터 몸을 지키기 위해 발달시킨 구조 중 하나로, 세포 내에 진입한 바이러스의 DNA를 분해하는 효소다. 자신의 DNA를 분해하지 않게 바이러스에 특유의 염기배열을 인식하도록 설계되어 있다. 그것을 응용하여 특정 염기배열을 인식하고 절단하는 것이다.

DNA 라이게이스는 절단된 DNA를 잇는 접착제 같은 것이다. 세포 내부에서는 다양한 원인으로 DNA가 끊어진다. 그것을 보수하기 위해 발달한 효소가 DNA 라이게이스이다. 제한효소로 잘라낸 DNA를 다른 DNA와 연결할 때 사용한다.

세포에 유전자를 도입할 때는 벡터를 사용한다. 벡터란 '운반하는 사람'을 의미하는 라틴어로, DNA 단편을 세포 안으로 옮기기 위한 도구이다. 벡터의 종류는 몇 가지나 되는데, 이 장에서는 대표적인 벡터 세 가지를 소개하겠다.

첫 번째는 플라스미드 벡터다. 플라스미드란 세균이나 효모 등 미생물 안에서 활동하는 고리 모양 DNA인데, 보통 염색체와는 독립된 다른 존재다. 컴퓨터로 비유하자면 염색체 DNA가 기본적인 사양을 유지하며 정보를 갖고 있는 내장 하드디스크, 플라스미드 DNA는 약간의 소프트웨어나 파일을 교환할 때 사용하는 USB 메모리에 해당한다.

실제로 자연계에서는 미생물들이 플라스미드를 교환하여 유전정보를 주고받는다. 미생물은 새로운 형질의 획득을 돌연변이에만 의지하는 것이 아니라, 플라스미드를 사용해 누군가 우연히 획득한 형질을 퍼뜨린다. 이 미생물이 쓰는 방법을 빌리는 것이 플라스미드 벡터다.

플라스미드가 목적 세포로 들어갈 확률은 그리 높지 않다. 그래서 다음으로 도입 효율을 개선하기 위해 생각해낸 것이 바이러스 벡터다. 바이러스는 목적 세포에 감염하는 능력이 있으므로 바이러스의 유전정보에 필요한 유전자를 넣으면 목적 세포에 유전자를 도입할 수 있다.

물론 벡터로 사용하는 바이러스는 병원성과 관계하는 유전정보를 모두 없애놓는다. 혹시 무슨 일이 생기면 곤란하니 실험실에서는 무척 엄중하게 다룬다. 바이러스 벡터는 유전자 치료에도 응용할 수 있을 것으로 기대된다. 병을 고치기 위해 병의 원인이 되는 바이러스 성질(세포에 감염하는 것)을 빌려 세포에 유전자를 도입하는 것에 이용한다.

최근에는 DNA 신시사이저(합성기)의 성능이 높아져 커다란 DNA도 빠르고 정확하게 합성할 수 있게 되면서 무려 인공 염색체 벡터가 등장했다. 아직 안정성을 비롯해 개선할 여지는 있지만, 수백만 개나 되는 염기배열을 도입할 수 있는 기술로 기대가 크다. 컴퓨터에 비유하자면 하드디스크를 추가하는 것이나 마찬가지다.

플라스미드나 바이러스 벡터를 사용한 유전자 도입은 그리 엄밀하게 이루어질 수 있는 것은 아니다. 말하자면, 확률적으로 유전자를 조작한다고 할까?

근 몇 년 동안 벡터에 따른 유전자 재조합보다 유전자 조작 확률을 더 높인 '게놈 편집'이라는 방법이 개발되어왔다. 인공적으로 제한효소를 설계함으로써 표적이 되는 DNA 유전자 영역에 특이성이 더 높은 방법으로 유전자의 녹아웃이나 녹인을 할 수 있다. 대표적인 방법으로 CRISPR-Cas9 시스템이나 TALEN이 있다.

서퍼가 노벨상을 수상했다!

유전공학에 가장 공헌한 기술을 꼽을 때 중합효소 연쇄반응(PCR법)을 빼놓을 수 없을 것이다. PCR법을 사용하면 필요한 유전자 영역의 DNA만 간단히 증폭할 수 있다.

PCR법의 발명자는 생화학자인 캐리 멀리스(Kary Mullis)다. 그

◆ PCR의 원리 1

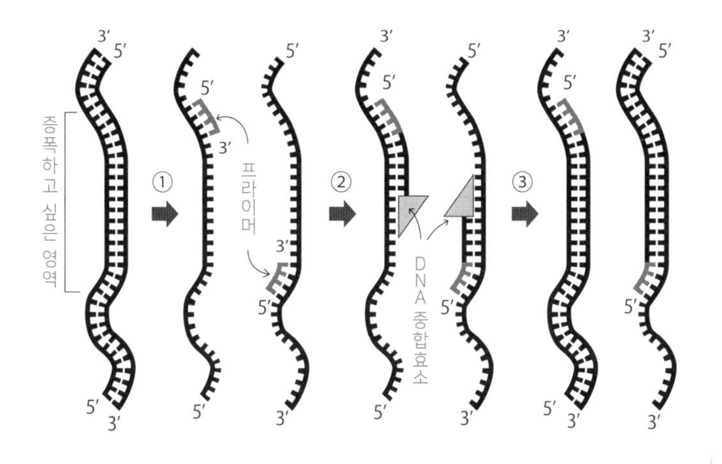

① 가열하면 DNA 이중 사슬은 단일 사슬로 나뉘고, 식히면 이중 사슬로 다시 돌아간다. 이때 증폭하고 싶은 영역의 앞뒤를 덮듯이 설계한 DNA 단편(프라이머)을 섞어둔다.
② DNA 중합효소가 프라이머에서 상보적 DNA를 연결한다.
③ 증폭하고 싶은 DNA 영역을 포함한 이중 사슬이 2개 생긴다.

를 나타내는 다른 칭호는 '박사 학위가 있는 서퍼'였다. 그가 PCR법 발명으로 1993년에 노벨 화학상을 수상했을 당시 기사 제목이 '서퍼가 노벨상을 수상했다!'였다.

생명과학 연구자는 이러한 유전자 재조합 기술을 사용해 연구한다. 예를 들면 실험용 쥐 같은 동물에게 유전자를 녹인하거나

◆ PCR의 원리 2

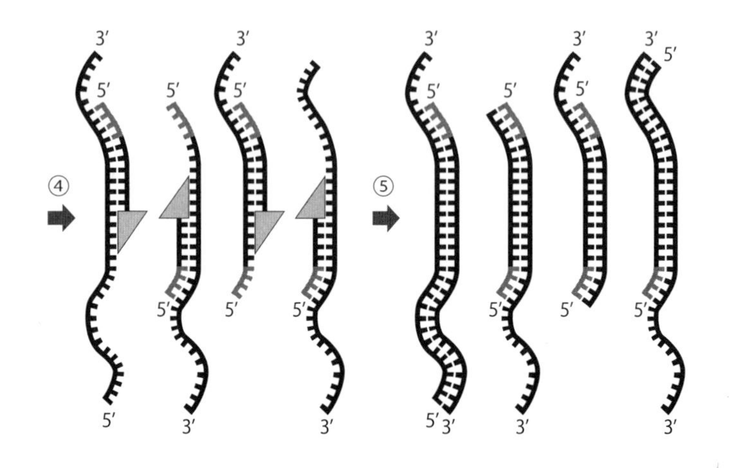

④ 같은 조작(①~③)을 반복한다.
⑤ 증폭하고 싶은 DNA 영역을 포함한 이중 사슬이 4개 생긴다.

원래 있던 유전자를 녹아웃하여 각자 유전자 기능을 연구하는 것이다.

유전자 재조합 기술은 생명과학 연구에 이바지할 뿐 아니라 농업이나 제약 등의 산업에도 응용할 수 있다. 유전자 재조합으로 만들어진 새로운 품종을 유전자 변형 생물(GMO)이라고도 부르는데, 실험동물(유전자 변형 쥐 등) 등도 모두 포함하므로 그리 적절한 용어라고 볼 수 없다. 이제부터는 농작물 이야기를 중심으로

◆ PCR의 원리 3

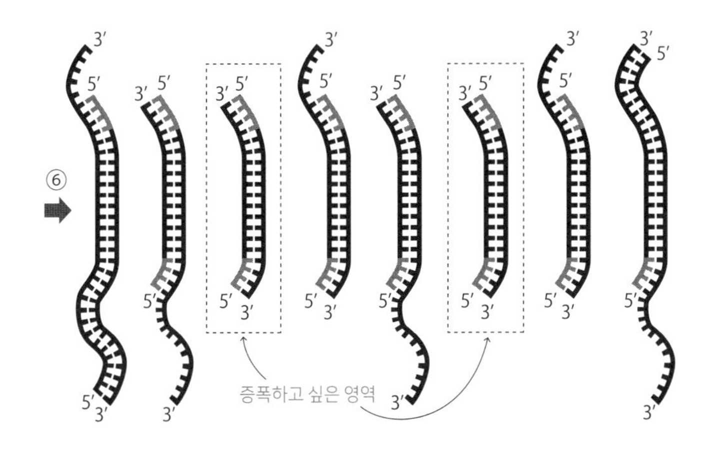

⑥ 다시 한 번 같은 조작(①~③)을 반복하면 증폭하고 싶은 DNA 영역을 포함한 이중 사슬이 8개 생긴다. 그중 2개는 증폭하고 싶은 DNA 영역만을 위한 이중 사슬(점선으로 둘러싸인 것)이다. 그 후에는 증폭하고 싶은 DNA 영역의 이중 사슬만 갑절로 증폭된다. 20번 반복하면 약 100만 배로 늘어난다. 충분한 양의 뉴클레오티드(핵산 염기+당+인산)와 프라이머가 있으면 용액의 온도만 조절하면 되는 기계적인 작업이어서 좋다.

전개할 테니 편의상 GM 작물이라고 줄여 부르겠다.

현재까지 GM 작물 개발은 3단계로 이루어져왔다. 제1세대 GM 작물은 생산자 측, 제2세대는 소비자 측, 제3세대는 우리의 미래와 관계된 이야기다. 먼저 문제의 배경부터 간단히 이야기하겠다.

잘 알려진 GM 작물에는 무엇이 있을까

농업의 역사는 '품종개량'과 '병해충과의 싸움'으로 말할 수 있다. 인류는 오랫동안 생물을 생활에 이용해왔다. 먹을 수 있는 부분인 가식부가 큰 식물이나 젖소·고기소·양털 개량 등 더 편리한 생물을 끊임없이 만들어왔다. 이러한 과학을 육종학이라고 부른다.

멘델의 연구도 원래 육종학에서 출발했다. 유전자 발현이 생명현상의 기초라는 사실은 틀림없다. 따라서 역사적으로 인류는 생물의 유전자를 개변해왔다고도 말할 수 있다.

인간에게 맛있는 농작물은 병해충에게도 맛있을 것이다. 또한 농작물이 자라기 쉬운 환경은 그 밖의 식물에게도 좋은 환경일 것이다. 농업이 대규모가 된 만큼 병해충 피해도 커지고, 필요 없는 식물이 마구잡이로 자라나면 작물의 수량에 영향을 준다.

불필요한 식물의 제거나 병해충 구제를 위해 오랫동안 화학약품이 사용되어왔다. 그러나 병해충을 구제하는 화학약품을 과용했더니 인간이나 작물에도 영향을 주었다. 생명 구조 전반에 영향을 주는 독을 사용하면 병해충뿐 아니라 인간도 해를 입는 것은 당연한 사실이다. 즉 병해충을 선택적으로 배제할 수 있는 방법이 필요했다. 그렇게 해서 개발된 것이 제1세대 GM 작물이다. 대표적 GM 작물인 제초제 내성 콩과 충해 내성 옥수수를 소개하겠다.

먼저 제초제 내성 콩부터 이야기해보자. 현재 자주 사용되는 제초제 중 하나로 글리포세이트가 있다. 라운드업이라는 상품 이름으로 유명하다. 글리포세이트는 바꿔 말하면 가짜 아미노산인 글리신인데, 식물에서만 나타나는 아미노산 합성 효소 활동을 방해한다. 따라서 아미노산이 결핍되어 식물이 메마른다. 이 아미노산 합성 효소는 대부분의 식물에 있어 글리포세이트는 만능 제초제다.

그러나 글리포세이트에는 문제가 있었다. 효과가 너무 좋았던 것이다. 대부분의 작물에 효능이 있다는 것, 즉 작물까지 마르게 한다는 뜻이다. 광장이나 정원을 제초하기에는 편리하지만 농경지에 사용할 때는 주의가 필요하다.

그만큼 강력한 약이면 인간이나 환경에 미칠 영향이 우려된다. 그렇지만 글리포세이트는 아미노산이 형태를 살짝 바꾸기만 한 분자다. 흙 속에서 바로 세균이 분해되기 때문에 환경에 남지 않는다. 생분해성이 높아 이르면 사흘, 길어도 1개월 이내에 없어진다.

게다가 동물은 글리포세이트가 방해하는 아미노산 합성 효소가 없어 인간에게는 무해하다. 인간에게는 다른 아미노산 합성 효소가 있다. 그러한 의미에서 글리포세이트는 사용하기 편하고 우수한 제초제였다.

한편 시점을 바꾸면 흙 속 세균의 아미노산 합성 효소는 글리포세이트의 영향을 받지 않는다는 뜻이 된다. 다시 말해 세균의 아미노산 합성 효소가 있는 식물에는 글리포세이트가 잘 듣지 않는다. 유전자 재조합으로 세균의 아미노산 합성 효소를 만들도록 한 것이 바로 제초제 내성 콩이다(상품명은 라운드업 레디).

이번에는 충해 내성 옥수수 이야기로 넘어가 보자. 예전부터 사용되는 화학 살충제는 인간에게도 독이 되는 위험한 약품인 경우가 많다. 대규모 농가에서는 농경지에 살충제를 살포하기 위해 그야말로 온몸을 꽁꽁 싼 후 방독 마스크를 쓴 채 작업하고, 헬리콥터를 이용해 공중 살포도 한다.

그 때문에 실수로 살충제를 흡입하는 사고도 가끔 발생한다. 충분히 안전에 주의해 작업해도 작물 표면에 붙은 해충에만 효과가 있다. 대규모 농업에서 문제가 되는 해충은 식물의 뿌리나 줄기에 들어간다. 그러한 해충에게도 약품이 닿게 하려면 고농도의 약품이 필요하고, 그럴수록 위험은 더 커진다.

곤충에만 효과가 있는 독소가 없을까 하고 찾아봤더니, 어떤 종의 세균이 곤충에만 작용하는 독소(단백질)를 갖고 있었다. 바실러스속이라는 진성 세균 그룹으로 고초균(간균과 호기성 세균으로 자연계에 널리 분포한다-옮긴이)의 친구이자 납두균(납두를 제조할 때 필요한 주요 균-옮긴이)의 친구이기도 하다. 바실러스속 중에 튜링

겐시스(Bt균, Bacillus thuringiensis)라는 균이 있는데, 예로부터 누에의 병원균으로 알려져 있었다.

이 병원균을 발견한 사람은 일본인 양잠 연구가인 이시와타 시게타네(白渡繁胤)다. 1901년 그는 사육하던 누에가 괴로움에 몸부림치며 죽는 것을 발견했다. 병 이름은 '졸도병'이었는데, 그 누에로부터 균을 분리했다고 한다. 졸도병의 원인균이므로 그는 졸도 병균이라는 단순한 이름을 붙였다. 이시와타는 이를 신종으로 등록하지 않았지만, 10년 후인 1911년에 독일의 에른스트 베를리너(Ernst Berliner)가 같은 균을 재발견했다.

베를리너는 곡물을 망가뜨리는 해충인 화랑곡나방(유충이 곡물을 먹는다)이 죽었을 때 Bt균을 분리했다. 죽은 화랑곡나방을 발견한 독일의 튀링겐주에서 Bt균의 이름이 유래했다. Bt균의 독소 단백질은 독소라고 해도 곤충의 장 안에서만 기능한다. 왜냐하면 이 독소 단백질은 오로지 곤충의 장에만 있는 특별한 수용체와 결합하기 때문이다.

인간을 포함한 포유류는 이 수용체가 없기 때문에 Bt균의 독소 단백질은 포유류에게 단지 아미노산 덩어리일 뿐이다. 그야말로 곤충 전용 독이다. Bt균 독소를 유전자 재조합하여 발현하게 만든 것이 충해 내성 옥수수다. 일반적으로 Bt 옥수수라고도 한다.

제초제나 충해에 내성을 갖게 하는 것 외에도 보존하기 좋게 만들어서 수송이나 저장의 편의성을 높인 작물도 제1세대 GM 작물에 포함된다. 이 작물은 자신의 세포벽을 분해하는 효소를 저해하므로 저장하기 좋다.

제2세대 GM 작물은 식품으로서 기능성을 높이는 것에 목적을 두고 있다. 그 예로 약효 성분이나 특정 영양소를 많이 포함하거나 알레르기를 치료하는 민감 소실 요법을 위해 알레르겐(원인이 되는 단백질 등)을 발현하거나 먹는 백신이 될 만한 작물 개발도 진행되고 있다. 여기서 민감 소실 요법이란 감감작이라고도 하는데, 증상이 나타나지 않을 정도로 적은 알레르겐을 반복해 복용하여 몸을 익숙하게 만드는 알레르기 치료법이다.

새로운 기능을 더하는 것(녹인)뿐 아니라 유전자 발현을 억제하는 것(녹아웃)으로 작물로서의 가치를 올리는 것도 가능하다. 재미있는 것으로는 '눈물이 나지 않는 양파'가 있다. 개발은 뉴질랜드에서 했지만, 재료가 되는 양파에 포함되는 최루 성분과 합성 효소의 특정은 일본인 연구자 이마이 신스케(今井眞介, 하우스 식품 연구 주간)가 했으며 2013년에 이그노벨상(미국 하버드대학의 유머과학 잡지사에서 기발한 연구나 업적에 대해 주는 상으로 노벨상을 풍자한 상-옮긴이)을 수상했다. 단, 어디까지나 실험적으로 만들어진 것이지 아직 시판되지 않았다. 최루 성분이 줄어든 만큼 풍미가 늘었다는 이야기가 있어서 한번 먹어보고 싶다.

GM 작물이 위험하다고?!

이제 제3세대 GM 작물 이야기를 해보자. 제3세대에는 세상의 식량 정보 개선을 위한 작물의 고기능화가 기대된다. 예를 들면 광합성 능력을 향상시켜 단위 면적당 거둬들이는 양을 늘리는 것, 건조나 강하게 내리쬐는 햇볕, 염해나 냉해, 극단적인 토양 중 pH 등 작물을 기르기 힘든 땅에서 경작할 수 있는 작물의 개발 등이다. 끊임없이 늘어나는 인구를 뒷받침하려면 경작지를 늘려야 하는데 경작에 적합한 땅은 이제 거의 남지 않았다.

따라서 식량을 증산하려면 현재 경작지에서 거둬들이는 양을 늘리는 것과 열악한 환경에서도 경작하는 것이 필요하다. 미래의 위기에 대처하기 위해 제3세대 GM 작물 개발이 시급하다. 물론 반드시 유전자 재조합을 이용해야 할 이유는 없지만, 일반 육종법보다는 유전자 재조합을 이용하면 압도적으로 빠르게 개발할 수 있다.

GM 작물의 이점만 이야기했지만 유전자 재조합은 위험하지 않는가 하는 우려의 소리도 많다. 다양한 소비자 단체나 일부 과학자가 GM 작물의 위험성을 널리 알리고 있다. 그러나 GM 작물에 반대하는 근거가 되는 연구(발암성이나 알레르기 등) 내용을 면밀히 검토했더니, 제3자의 검증을 감당해낸 연구는 하나도 없고 모두 부정당했다. 물론 사물의 안정성 평가는 항상 비판적이어야 한다. 그렇지만 잘못된 근거를 바탕으로 한 비판은 의미가 없다.

적어도 2015년 시점에서 GM 작물이 위험하다는 과학적 증거는 하나도 발견되지 않은 듯하다. 무슨 일이든 100퍼센트 안전하지는 않겠지만, 개인적으로는 걱정이 지나치다고 생각한다. 특히 GM 작물에 대해서는 일반 소비자가 모르는 것에 대한 위험을 과대평가하는 경향이 있는 한편, 연구자나 관계자가 아는 것에 대한 위험을 과소평가하는 경향이 있는 듯하다.

그런 의미에서 연구자도 비판의 목소리에 성심성의껏 귀 기울이고, 정확한 과학적 사실을 소비자들에게 설명하는 것이 중요하다. 그와 동시에 소비자들도 막연한 불안감에 사로잡히지 말고 비과학적 선동에 휩쓸리지 않도록 해야 한다. 만약 기회가 있다면 연구자들에게 거침없이 질문하는 것도 좋다. 일반적으로 연구자들은 설명하기를 아주 좋아하는 사람들이니 시간이 허락하는 한 기꺼이 설명해줄 것이다.

시대를 거슬러 올라 유전자 재조합 기술이 처음 나온 당시부터 세상이 이러한 사태에 빠지리라는 사실은 예상된 일이었다. 그 중심에 있던 사람이 당시 미국 스탠퍼드대학 교수였던 폴 버그(Paul

Berg)다.

버그는 앞서 언급한 플라스미드 벡터를 사용한 유전자 재조합 기술 개발을 인정받아 1980년 노벨 화학상을 받았다. 거기에는 유전자 재조합 기술이 인류에 이바지하리라는 생각과 동시에 악용될 가능성을 예상했던 버그의 혜안이 있었다. 전문가인 연구자들조차 어떤 식으로 악용될지 상상하지 못했다는 점이 문제였다.

버그는 스스로 연구를 일시 중지하고 유전자 재조합 실험에 규제가 필요하다는 사실을 호소했다. 그리고 1975년, 전 세계 분자생물학자들이 모여 유전자 재조합 실험의 지침을 마련했다. 그것이 '아실로마 회의'다. 미국 캘리포니아주 아실로마에서 회의가 열렸다 하여 그런 이름이 붙었다. 학자들은 이후에도 약 2년에 한 번씩 회의를 했다.

또한 분자생물학의 연구법과 자연 환경이나 생물 다양성 보호, 이에 관한 지속적인 이용에 대해 국제적으로 방향성을 맞춘 카르타헤나 의정서가 2003년 체결되었다.

의정서의 내용을 간단히 설명하면, 유전자 재조합 기술을 적용한 모든 생물이 국경을 넘어갈 때의 규정, 즉 수출입할 때의 절차이다. 일본에서는 2003년에 카르타헤나 의정서가 체결되자 같은 해에 유전자 재조합 생물의 사용 등 규제에 따른 생물 다양성 확보에 관한 법률(통칭 카르타헤나 법)을 공포하고 이듬해 시행했다.

이 법은 유전자 재조합 생물의 취급에 관한 국내법이다. 환경에 미치는 영향이 없다고 승인된 것만을 개방계(옥외로 통하는 공간)에서 사용 가능하도록 하고, 나머지는 폐쇄계(실험실의 적절한 공간)에서 생물안전도(BSL)에 따라 물리적 혹은 생리적으로 봉쇄하는 방법을 지정했다.

요컨대 승인된 생물 외에는 환경에 확산되지 않도록 한다는 뜻이다. 취급 위험성에 따른 봉쇄 정도를 4단계로 나누었다. 각각 물리적 봉쇄(Physical containment)의 머리글자를 따서 P1~P4로 나타냈는데, 병원체(pathogen)나 방어(protection)의 머리글자와 혼동되는 일이 빈번히 일어나자 최근에는 BSL1~BSL4로 표기를 바꿨다. 버그가 활동하던 시기에 제정된 내용보다 꽤 완화되었다고는 하지만, 여전히 기준이 상당히 엄격하다. 이러한 법을 지키며 연구하는 것은 생명과학 연구자 한 사람 한 사람의 긍지이기도 하다.

윤리 기준이 엄격하지 않은 일부 나라가 있는 것도 사실이다. 예를 들어 2015년 4월에 중국에서 인간 수정란의 유전자를 편집했다는 연구 논문이 발표되었다. 발표된 잡지는 대부분 무명이었는데, 충격적인 내용 때문에 같은 달 22일 과학 잡지 『네이처』에 소개되었다.

그 연구의 재료는 불임 치료로 체외수정을 한 난자 중 염색체 수 이상이 확인되어 모체로 돌아가지 못한 것이라고 하는데, 전 세계 연구자들은 너무나도 경솔한 연구였다고 비판의 목소리를 높이고 있다. 중국의 해당 연구팀도 유전자 도입 작업을 하다가 예기치 못한 유전자 변이를 확인하는 등 현시점에서는 기술적으로 지나치게 미숙했다는 사실을 인정하고 있다.

중요한 사안인 만큼 전 세계적으로 조급히 연구 규제 기준을 마련해야 한다. 미국과학아카데미와 미국의학연구소는 2015년 5월에 '재조합 DNA 실험지침' 작성에 돌입하겠다고 발표했다. 국제회의도 예정되어 있으며, 앞으로 더욱 활발히 논의될 것이다.

또한 2015년 8월에 일본 유전자 치료 학회와 미국 유전자 세포 치료 학회(ASGCT)가 기술적이면서 윤리적 문제가 해결되고 사회적 합의를 얻을 때까지 당분간 인간 수정란 이용을 엄격하게 금지해야 한다는 성명을 발표했다. 단 어디까지나 인간 수정란 응용만 대상일 뿐 체세포나 다른 실험동물 등을 규제하는 것은 아니니 주의가 필요하다.

현재 과학은 생물 유전자를 더욱 직접적으로 개변할 수 있는 수준까지 발전했다. 그러나 기본적으로 그것이 생명의 탄생부터 수십억 년에 걸쳐 이루어진 자연의 조화라는 사실은 변하지 않는다. 최근 연구에서는 자연계에서 종을 초월한 유전자 재조합까지도 일어나는 것으로 보인다.

물론 인간도 예외는 아니다. 예를 들어 피부 보습이나 관절 연골 기능을 유지하는 데 중요한 히알루론산과 관련된 유전자는 어떤 종의 균과 유전자 재조합된 것이라고 하고, ABO식 혈액형을 결정하는 당쇄와 관련된 유전자도 사실 세균과 유전자 재조합된 것이다.

GM 작물에 반대하는 사람들이 소리 높여 외래 유전자가 위험하다고 외치는 주장은 생명의 역사로 봐도 근거가 없다. 무엇보다 오랜 세월에 걸쳐 도태되어온 유전자 재조합과 현재 기술에 따른 갑작스러운 유전자 도입은 서로 다르다고 할지도 모른다.

현재 자연선택(자연도태) 외의 새로운 제품에는 안전 검사가 의무화되어 있다. 안전 검사의 타당성이나 엄밀함에 대해서는 논의가 필요하지만, 기술에 대한 비판에는 이미 과학적 의미는 없다고 볼 수 있다.

독자들에게도 유전자 재조합이라는 말의 이미지가 무척 부자연스럽게 느껴질지도 모른다. 사실 자연계에서는 당연하게 발생하는 현상이다. 오래전부터 존재해왔으며 우리가 늘상 먹는 작물도 게놈을 살펴보면 빈번히 돌연변이가 일어난다. 형태나 맛이 변하는 모습이 눈에 보이지 않기 때문에 알아차리지 못하는 것뿐이다. 그것이 진화의 원동력이니 당연하다.

애초에 자연과학은 자연에서 법칙을 배우는 것이다. 과학기술로 할 수 있는 것은 자연법칙을 응용하는 것일 뿐이다. 그러한 의미에서 인간은 부자연스러운 짓, 자연의 법칙을 거스르는 짓은 할 수 없다고도 할 수 있다. 말하자면, 아무리 과학이 발전해도 석가모니의 손바닥 위에서 놀아나는 손오공 같은 것인지도 모른다.

성염색체상의 다양한 유전자

성(性)은 어떻게 결정되는가

야한 이야기를 기대한 독자가 있다면 먼저 사과하겠다. 이번 장의 주제는 '성'이지만, 그쪽으로 기대할 만한 이야기는 아니다. 성에 대해 곰곰이 생각해보면, 어지간히 어려운 미해결 문제 중 하나로 들 수 있다. 사실 미생물(단세포 생물) 세계에서는 보통 무성생식이라고 해서 스스로 세포분열하여 증식한다. 이른바 복제다.

세포분열 횟수를 거듭하다 보면 더는 분열할 수 없게 되어 다른 세포와 DNA를 교환한다. 이를 '접합'이라고 부른다. 접합 상대는 아무나 괜찮은 것이 아니라 자신과 다른 유형을 고른다. 이

것이 미생물에게는 성이다.

미생물의 성을 우리가 떠올리는 이미지로 생각하면 어색하게 느껴질 수도 있다. 미생물의 성별은 여러 종류이기 때문이다. 짚신벌레 같은 경우는 성별이 16종류나 있다고 한다. 생물의 성별이 암수밖에 없다느니 하는 것은 대체 누가 결정하는 것일까?

우리 인간을 포함한 다세포 생물에게는 성이 암수 두 가지뿐이다. 왜 암수뿐이냐면, 유전자 레벨로 결정되기 때문이다. 성별을 결정하는 유전자는 하나의 염색체에 패키지처럼 붙어 있는데, 그것을 '성염색체'라고 부른다. 성염색체를 제외한 염색체는 상염색체다.

성이 결정되는 데는 네 가지 패턴이 있다. 하나는 암컷을 기준으로 한 경우로 두 가지 패턴, 다른 하나는 수컷을 기준으로 한 경우로 두 가지 패턴이다. 여기서 말하는 기준이란 기본이 되는 게놈을 뜻한다. 인간은 X 염색체를 가진 게놈이 기준이 되므로 이배체(염색체 조를 2개 가진 개체나 세포-옮긴이)면서 X 염색체인 호모 접합(XX)이 여성이다.

한편 인간 남성은 X 염색체와 Y 염색체의 헤테로 접합(XY)이다. 인간 외에도 대부분의 포유류나 초파리 등 곤충의 일부는 이 패턴이다. 요컨대 암컷의 게놈을 기준으로 Y 염색체 위에 있는 유전자가 몸을 수컷으로 만드는 것이다.

암컷의 몸을 바탕으로 수컷의 몸을 만드는 패턴을 수컷 헤테로형(XY형)이라고 한다. 인간은 Y 염색체 위에 몸을 남성화하기 위한 스위치가 되는 유전자가 있는데, 그것을 Y 염색체 성결정 영역 유전자(*SRY* 유전자)라고 한다.

SRY 유전자가 만드는 단백질은 SRY로 표기해도 좋지만, 유전자가 발견되기 전 이름인 '정소 결정 인자(TDF)'라고도 부른다. 그 이름대로 쥐 실험에서는 TDF 단백질을 XX 수정란에 발현시키면 정소가 만들어져 수컷이 되고, XY 수정란으로 *SRY* 유전자를 녹아웃(활동하지 않게 하는 것)하면 암컷이 된다.

◆ 성결정에 관한 4가지 유형

	수컷 헤테로형		암컷 헤테로형	
	XY형	XO형	ZW형	O형
수컷	XY	X	ZZ	ZZ
암컷	XX	XX	ZW	ZO

Y 염색체는 X 염색체가 변화한 것으로 추측된다. 특히 포유류에서는 소형화하는 경향이 있고, 일부 설치류(류큐가시쥐, 도쿠노섬가시쥐, 두더지들쥐 등)는 Y 염색체를 상실했다. 성염색체가 X 하나만 있다는 뜻이다. 이 또한 수컷 헤테로형의 일종으로 XO형이라고 부른다. 그 밖에 메뚜기나 잠자리 종류도 XO형이다. XO형에서는 *SRY* 유전자도 상실해 대신하는 다른 유전자가 있을 것으로 예상하는데 자세한 내용은 아직 밝혀지지 않았다.

수컷 헤테로형(XY형, XO형)과 완전히 반대 패턴이 암컷 헤테로형이다. 암컷 헤테로형에서는 성염색체를 Z 염색체와 W 염색체로 표기한다. 다시 말해 Z 염색체가 호모 접합하면 수컷이 되고, Z 염색체와 W 염색체가 헤테로 접합(ZW형)하거나 Z 염색체가 한 개인 경우(ZO형)에는 암컷이 된다.

엄밀히 말하면 Z 염색체는 X 염색체와 다르지 않지만, 혼란을 피하기 위해 Z나 W라는 기호를 쓴다. ZW형의 성결정을 하는 생물로는 조류 · 파충류 · 양생류 · 어류 일부 · 나비목(나비나 나방 종류)이 있고, ZO형에는 주머니나방이나 날도래목 종류가 있다. 암컷 헤테로형(ZW형, ZO형)의 성결정은 아직 밝혀지지 않았으며 수컷 헤테로형에서 *SRY* 유전자와 같은 것은 발견되지 않았다.

파리의 눈 색깔을 정하는 유전자

성염색체 위에는 성결정 유전자 외에도 다양한 유전자가 있다. 그러한 유전자의 돌연변이는 성과 함께 발현한다. 이를 '반성 유전'이라고 한다. 191쪽에서 소개할 모건의 실험에서 초파리의 눈 색깔을 정하는 유전자가 반성 유전이었다.

반성 유전은 인간의 병에서 많이 들어봤을지도 모른다. 돌연변이의 영향은 열성 유전인 경우가 많기 때문이다. 다시 말하지만, 유전에서 우성/열성이라는 말은 약간 어폐가 있는 용어인데, 결코 기능이 더 뛰어나거나 뒤떨어진다는 의미는 아니다. 단순히 유전자가 발현하기 쉽다/어렵다의 차이일 뿐이다. 그러니 현성/불현성이라고 표현하는 것이 더 정확할 것이다.

보통 우리는 기능이 같은 유전자가 실린 아버지 쪽과 어머니 쪽 염색체를 2개 한 묶음으로 갖고 있다. 즉 유전자도 2개 한 묶음이라는 뜻이다. 이때 어느 쪽 염색체에 실린 유전자를 사용할지 조절하는 기능이 있는데, 대부분 생존에 유리한 변이가 있는 유전자가 선택되어 발현한다. 생존과 상관없다면 무작위다.

그러나 성염색체 위의 유전자가 변이하는 경우는 약간 사정이 다르다. 인간은 XY형인데 여성은 XX 호모이기 때문에 열성 유전일 때는 양쪽 X 염색체에 같은 변이가 없으면 발현하지 않는다. 그러나 남성의 경우(XY의 헤테로) X 염색체 변이는 선택할 필요도 없이 발현한다.

그 때문에 반성 유전 질환은 남성에게 많이 발생한다. 반성 유전의 열성 유전 질환에는 적록 색맹이나 혈우병(혈액 응고 인자가 없거나 활성이 낮아 출혈 경향이 되는 질환)이 있다. 단 혈우병 환자 4명당 1명이 돌연변이 때문이라는 이야기도 있는데, 연구가 진행되고 있는 중이다. 또한 여성 혈우병 환자도 있다.

한편 반성 유전의 우성 유전 질환도 있다. 예컨대 레트 증후군은 여성 특유의 진행성 신경 질환으로 뇌기능 발달이 지체된다. 남성 중 레트 증후군 환자가 없는 이유는 원인 유전자의 변이가 임신 중에 태내에서 죽는 치사성이기 때문이라고 추측된다. 아직 근본적인 치료법은 발견되지 않았지만, 연구가 진행되면 미래에는 유전자 치료가 가능해질 것으로 기대된다.

보통 우리의 염색체가 2개 한 쌍이라는 사실은 앞서 설명했다. 이를 이배체라고 한다. 그리고 염색체 수가 많거나 적은 것을 이수체라고 한다. 이수체에는 염색체가 하나(한쪽 부모)뿐인 모노소미, 3개 있는 트리소미, 4개 있는 테트라소미 등이 있다. 참고로 모노, 디(다이), 트리, 테트라, 펜타, 헥사, 헵타, 옥타, 나노, 데카는 각각 그리스어 수사로 1부터 10을 의미한다.

상염색체의 이수체에 따른 질환으로는 21번 염색체의 트리소미(다운증)가 유명하다. 한편, 성염색체의 이수체는 상염색체보다 증상이 가벼운 경우가 많아 알지 못한 채 평생을 보내는 사람도 적지 않다. 그럼 이번에는 그 가운데서도 유명한 것을 소개하겠다.

X 염색체의 모노소미에 터너 증후군이 있다(XO 여성). 주요 증상으로는 선천성 심장 질환이나 제2차 성징이 없어 불임이 되는 것을 꼽을 수 있다. 참고로 YO 남성은 존재하지 않는다. 왜냐하면 생물에게 필수인 유전자가 X 염색체에 집중되어 X 염색체가 없다는 것은 치사성이기 때문이다.

다음으로 성염색체의 트리소미를 소개하겠다. 총 세 가지 패턴이 있다. 먼저 클라인펠터 증후군(XXY)이다. 클라인펠터 증후군은 일반 남성보다 X 염색체가 1개가 더 많고, 제2차 성징이 없으며 신체 발육이 좋지 않은 경우가 많은데, 심장 질환이나 운동 능력 저하가 문제가 되는 일도 있다. 신체적 특징은 남성을 나타내지만, 정자부족증을 수반하기 때문에 불임 치료 진료 검사를 받으러 갔다가 처음으로 알게 되는 일도 많다. 인공 수정은 가능하다.

남자의 출생에서는 600명에서 1,000명 중 1명 비율로 태어난다는 데이터가 있다. 클라인펠터 증후군은 트리소미(XXY)뿐만 아니라 테트라소미(XXXY) 이상도 포함한다. 또한 X 염색체의 수가 많을수록 증상도 심해지는 경향이 있다. 참고로 수컷 삼색얼룩 고양이가 드문 이유는 클라인펠터 증후군이기 때문이다.

남은 두 가지 성염색체 트리소미는 초남성(XYY)과 초여성(XXX)이다. 이 두 가지 패턴은 대부분 아무 문제가 없으며 불임도 아니다. 신체적인 특징을 보면 키가 큰 사람이 많다.

이 같은 이수체가 생기는 원인은 정자나 난자를 만들 때의 돌연변이 때문이다. 환경이나 생활 습관보다 '노화'에 따른 영향이 크다고 추측되는 이른바 고령 출산에 따른 위험 요소다. 정자나 난자의 원료인 세포는 끊임없이 분열한다. 매번 돌연변이 확률은 같아도 분열 횟수가 누적되면 변이한 세포가 늘어나는 것도 어쩔 수 없는 일이다.

2015년 7월, 노화에 따른 이수체의 원인을 알아냈다는 연구를 이화학연구소의 기타지마 도모야(北島智也) 팀 리더가 발표했다. 아직 시간은 더 걸리겠지만, 이 분야의 연구가 진전되면 이수체에 따른 질환 예방법 개발로 이어질 가능성도 있다.

Part 3

유전학과 DNA를 둘러싼 모험

멘델, 유전학의 선구자

그레고어 요한 멘델(Gregor Johann Mendel, 1822~1884)
오스트리아 제국 브르노의 사제

멘델은 어떤 인물인가

유전학의 선구자 그레고어 멘델을 아는 독자가 많을 것이다. 그는 어떤 인물이었을까? 또 유전학이란 어떤 학문일까? 예로부터 생물의 유전 현상은 잘 알려져 있었다. 특히 19세기 유럽에서는 양과 포도의 품종개량에 힘썼다. 후에 멘델이 들어가는 수도원의 나프 원장은 "품종개량을 효율 좋게 하기 위해서는 유전법칙을 발견해야 한다"는 취지의 발언을 했다. 그 당시 교배에 관한 기술은 시행착오 중이었으며 우연에 기댈 수밖에 없었다.

19세기는 생물학이라는 말이 박물학에서 이제 막 생겨난 때였다. 간단히 말하면 박물학이란 다양한 것을 모아 늘어놓고 비교·분류하는 학문이다. 아직 소박한 시대였다. 지금이야 생물학도 복잡한 현상을 단순화하여 이해하고, 가설을 세우고, 계획적으로 실험하고, 결과를 통계 처리하고, 일반화한 모델로 설명한다는 연구법이 일반적이지만, 당시에는 물리학이나 화학만 있었다.

그런 시대에 멘델은 오스트리아 제국 모라비아 지방(지금의 체코 공화국)의 비교적 유복한 농가에서 태어났다. 초등학교 교장 선생님이 도시 학교로의 전학을 추천할 만큼 총명했고, 전학 간 학교에서도 성적이 우수해 국립 중고등 통합 학교인 왕립 김나지움에 진학했다. 그러나 집안이 유복하다고는 해도 고작 농가 수입이었다. 그의 학비나 기숙사 생활비는 집안에 상당한 부담이었다.

게다가 이 시기에 그의 아버지가 농원에서 큰 부상을 당한 탓에 금전적으로 꽤 고생한 듯하다. 졸업 후 멘델은 가업인 농원에서 일하기로 했는데, 아버지는 학구열이 강한 아들을 위해 농원을 매각했다. 그리고 멘델은 올로모우츠대학(지금의 팔라츠키대학)의 철학과에 진학했다. 당시 철학과에서는 자연과학 전반도 공부했다.

멘델은 가정교사로 일하면서 2년 만에 과정을 수료했다. 보통은 공부를 더 해서 학위나 교원 자격시험을 보는데, 금전적 이유로 그 이상 대학에 남을 수 없었다.

그래서 멘델은 1843년에 수도사가 될 결심을 했다. 그는 성 아우구스티노 수도회에 들어가서 수도명으로 그레고어를 부여받고, 모라비아 지방 제2의 도시인 브르노에 있는 성 토마스 아우구스티노 수도원에 소속되었다. 이 수도원의 원장이 나프였다.

독자 여러분은 왜 멘델이 수도사가 되었는지 궁금하지 않은가? 멘델의 결단을 이해하려면 19세기 오스트리아의 사회 배경을 알아야 한다. 당시 수도원은 기독교 시설인 동시에 지역 학문과 문화의 중심이었다.

그는 먼저 수습 기간을 거쳤고, 그다음에는 신학교에 입학하여 수도사가 되기 위한 공부를 했다. 동시에 수도원에서 해야 하는 일도 있었다. 나프 수도원장은 자연과학을 잘하는 멘델을 포도 품종개량에 참가하게 했다. 멘델이 보기에 포도의 특징은 확실히 자손에게 유전되었다. 그러나 규칙성이 전혀 보이지 않았다. 멘델은 유전의 수수께끼를 풀고 싶다는 열망이 대단했다. 그러나 육종에 시간이 걸리는 포도를 재료로 써서는 유전의 수수께끼를 풀기 어렵다고 생각했다.

그는 성격이 우직하고 성실한 데다 대화가 서툴러 인간관계 요령은 그다지 좋지 않았던 모양이다. 신학교를 우수한 성적으로 졸업하고 사제가 되었지만, 배정받은 병원의 신부로서는 실격이었다. 환자의 죽음과 마주하기에는 지나치게 섬세했기 때문이다.

나프 수도원장은 마음에 큰 상처를 입은 멘델에게 김나지움의 보조 교원이 될 것을 명했다. 멘델은 수학과 그리스어를 가르쳤는데, 이쪽은 적성에 맞았는지 나프 수도원장은 그에게 정식 교원 자격시험을 보도록 추천했다. 멘델은 2년 만에 대학을 나와 수험 자격이 없었지만, 특별히 추천을 받았다.

안타깝게도 수험 일정을 알리는 연락이 늦게 오는 사고가 발생했다. 멘델은 시험 날 지각한 탓에 생물학과 지질학 수험을 보지 못하고 불합격했다.

그러나 이때 그에게 행운이 찾아왔다. 시험 위원장인 교수가 멘델의 재능을 발견하고 빈대학의 박사 과정에 추천해준 것이었다. 빈대학은 오스트리아 제국에서 제일가는 데다 유럽에서도 손꼽히는 대학이었다. 1851년, 멘델은 꿈에 그리던 빈대학에서 특기인 수학이나 물리학을 중심으로 화학이나 동식물 해부학, 생리학까지 원하는 만큼 배웠다.

이때 얻은 최첨단 지견들이 후에 멘델에게 크게 영향을 미쳤다. 특히 화학자 존 돌턴(John Dalton)의 원자설을 배운 것은 유전의 수수께끼를 푸는 큰 힌트가 되었다. 멘델은 유전이라는 현상에도 물질에서 원자에 해당하는 기본 입자가 있으리라 생각했다.

빈대학에서 멘델에게 수학과 물리를 가르친 사람은 요한 크리스티안 도플러(Johann Christian Doppler)였다. 가까이 다가오는 소리는 높게 들리고 멀어지는 소리는 힘이 떨어진다는 도플러 효과로 유명한 그는 멘델이 진학하기 1년 전에 빈대학 물리학 연구소 소장으로 부임했다. 도플러의 제자인 멘델은 당시 최첨단 실험 물리학을 배웠다. 멘델은 빈대학에서 각 분야의 최첨단 과학 지식과 '모델(이론)을 세워 실증하고 실험하기'라는 현대적인 자연과학 연구법을 익혔다.

너무 새로웠던 주장

이제 2년 동안 원 없이 배운 멘델은 의기양양하게 성 토마스 수도원으로 돌아갔다. 수도원으로 돌아가서 바로 그 유명한 완두콩 실험을 시작했다. 아마 빈대학에서 공부하면서도 유전의 수수께끼에 대해 깊게 고민했을 것이다. 그는 연구 초기부터 어떠한 확신을 가지고 실험을 이어나갔던 듯하다.

멘델은 연구 활동을 하는 한편 고등학교에서 물리학과 자연사학 교사로도 일했다. 그러나 멘델은 변함없이 보조 교원 신분이었으므로 몇 년 후 다시 정식 교원 자격시험을 봤다. 이번에는 지각하지 않고 빈대학에서 수험을 치렀지만 결과는 다시 불합격이었다. 시험관인 생물학 교수와 논쟁을 벌인 것이다.

구술시험에서 시험관인 교수는 "식물의 배아는 화분관에서 생긴다"라는 당시 학설대로 대답하길 바랐는데, 멘델은 자신의 연구와 실험 결과에 따라 "배아는 자웅 합체로 만들어진다"라고 주장했다.

물론 지금 보면 멘델의 답이 정답이다. 그러나 19세기 당시에 멘델의 주장은 너무 새로웠던 탓에 기존 학자들이 받아들이지 않았다. 멘델의 요령이 좋지 않아 화가 된 것일까? 멘델은 앞으로 닥칠 비극을 예감할 수 있었다. 어쨌든 멘델은 학구적인 직함이나 자격과는 마지막까지 인연이 없었다. 학위를 따는 길도 있었지만 아예 흥미가 없었다고 한다.

이제 실험을 시작하고 12년째인 1865년, 드디어 연구를 정리한 멘델은 브르노 자연과학학회에서 두 번이나 구두로 결과를 발표했다. 그러나 주변의 반응은 너무나 냉담해서 그는 낙담하고 말았다.

그의 연구는 유전자라는 가상 입자의 움직임을 단순한 법칙으로 설명하는 것이었다. 그것은 생물을 박물학적으로 연구하는 사람들에게는 너무 새로웠을 것이다. 통계나 수식을 구사해 철저하게 검증한 사실이 '생물학과 물리학은 다르다'라니, 오히려 그들이 더 이해하기 힘들게 만들었던 것이다. 현대 과학에서는 당연한 연구법이지만 말이다.

이듬해에 멘델은 논문 「잡종 식물 연구」를 브르노 자연과학회지에 투고했다. 그리고 당시 주요 대학이나 유명 생물학자들에게 논문을 보냈지만 대부분 이해해주지 않았다.

그 후 멘델은 유전 연구를 그만뒀다. 세상을 떠난 나프의 후임으로 1868년에 수도원장으로 뽑히면서 일이 아주 많아졌기 때문이다. 게다가 오스트리아 정부에서 부당하게 비싼 세금을 부과한 데 대한 항의 활동으로 정신없이 일에 쫓겼다. 그는 다른 수도원이 정부에 굴복하는 중에도 항의를 이어나가다 결국에는 건강이 나빠졌다. 부당하게 물린 세금은 그가 사망한 후 철회되었다.

1884년에 멘델이 61세로 세상을 떠났을 때는 종파를 초월한 신자들이 참례하여 행렬이 2킬로미터나 이어졌다고 한다. 학위나 직함과 같은 권위는 없었지만 멘델이 당대의 일류 과학자였음에는 틀림없다. 그리고 훌륭한 종교인이자 신념을 지킨 사람이었다.

멘델은 수도원장 취임 후에도 일하는 틈틈이 꿀벌 사육을 연구하고, 기상 관측을 하고, 꾸준히 연구 발표를 했다. 그가 세상을 떴을 때는 기상학자로서 더 유명했다고 한다.

멘델의 죽음으로부터 16년 후. 그의 생전에는 무시당했던 유전 연구 성과를 세 사람의 생물학자 휘호 마리 더프리스(Hugo Marie de Vries), 카를 코렌스(Carl Erich Correns) 그리고 에리히 폰

체르마크(Erich von Tschermak)가 재발견했다. 그리고 멘델이 남긴 업적은 20세기에 '유전학'으로 크게 꽃을 피웠다.

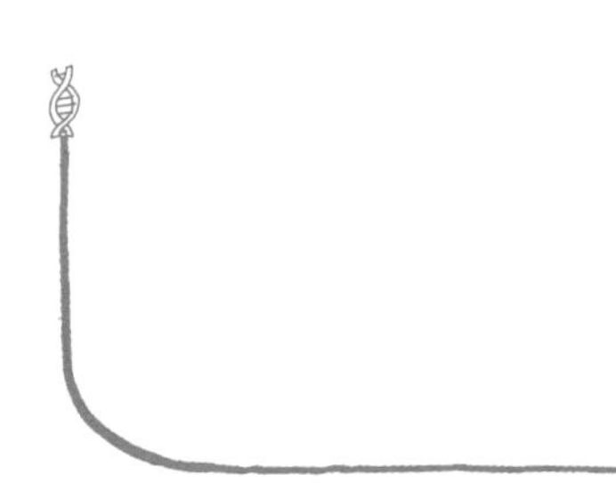

부모와 닮지 않았지만 조부모를 닮았다?!

멘델의 시대에도 부모의 형질이 자식에게 전해지는 '유전'은 알려져 있었지만, 그 구조는 밝혀지지 않은 상태였다.

자식의 형질은 부모 중 한 사람을 닮는 경우도 있는가 하면, 둘 다 닮기도 하고, 혹은 둘 다 닮지 않기도 한다. 얼핏 봤을 때는 규칙성을 알 수 없어 부모의 형질은 액체 상태로 혼합되어 자식의 대로 이어진다는 혼합설(융합설이라고도 한다)이 주장되었다.

부모를 닮지 않고 조부모를 닮았다는 현상도 알려져 있었다. 이는 혼합설로 설명하기가 어려운 현상이다. 오히려 자식의 대에 나타나지 않는 형질도 그대로 유지된다고 생각하는 편이 자연스러울 것이다. 멘델은 돌턴의 원자설에 힌트를 얻어 형질을 전해주는 입자를 상상했다. 입자의 정체는 알 수 없지만, 실험으로 성질을 밝혀낼 수는 있다고 생각한 것이다.

멘델의 혜안은 '유전 실험에 순종(단일 유전 형질을 지닌 품종)이 필요하다'고 이해했던 점이었다. 그는 준비 기간으로 몇 년에 걸쳐 재배종에서 순종을 추려냈다. 몇 가지 형질에 주목해 몇 대 동안 자가수분(뿌리가 같은 식물이 자신의 꽃가루를 자신의 암술머리에 붙이는 현상-옮긴이)을 반복하여 항상 같은 형질이 나타나는 품종을 선발했다.

그렇게 해서 얻은 완두콩 순종을 사용해 교잡(교배)한 후 형질을 알아보고 통계 내기를 반복했다. 그가 실험에서 재배한 완두콩만 수만 그루가 넘는다는 이야기도 있다. 그 결과를 정리한 것이 우리가 알고 있는 '멘델의 법칙'이다.

멘델의 법칙에는 세 가지가 있는데, 차례대로 이해하면 어렵지 않다. 완두콩의 형질을 사용한 멘델의 실험을 따라가 보자. 먼저, 둥근 모양 콩을 수확할 수 있는 완두콩과 주름 모양 콩을 수확할 수 있는 완두콩을 교잡한다. 그렇게 해서 생긴 잡종 1대부터는 반드시 둥근 모양 콩을 수확할 수 있었다. 그러니까 둥근 모양이 주름 모양보다 유전되기 쉽다는 사실을 알 수 있다. 요컨대 형질에는 유전하기 쉬운 것(우성)과 유전하기 어려운 것(열성)이 있다. 이를 '우성의 법칙'이라고 이름 붙였다.

이어서 이 잡종을 자가수분했다(잡종 2대). 그러자 둥근 모양 콩과 함께 주름 모양 콩도 수확할 수 있었다. 둥근 모양과 주름 모양을 세보니 대략 3 : 1 비율이었다. 이처럼 잡종 2대를 자가수분했을 때 우성의 형질과 함께 열성의 형질도 3 : 1로 출현하는 것을 '분리의 법칙'이라고 이름 붙였다.

즉 유전하기 어렵다고 생각했던 형질도 유전하지 않는 것은 아니었다. 편의상 우성/열성이라고 이름 붙여졌지만, 형질이 우선적으로 나타나기 쉬운 것을 우성, 그렇지 않은 것을 열성이라고 표현하는 것일 뿐 '형질의 우열'을 의미하는 것은 아니다. 오해하기 쉬운 부분이라 다시 한번 덧붙여 설명했다.

일류 물리학자 멘델의 유전법칙

지금까지 콩의 형질을 봤는데, 그 밖에도 키가 큼/작음이나 이파리 색이 노랑/초록 등의 형질에서도 마찬가지로 우성의 법칙과 분리의 법칙이 확인되었다. 게다가 이들 형질의 조합에는 상관관계가 없다. 유전하는 형질은 서로 독립한다는 뜻이다. 이를 '독립의 법칙'이라고 이름 붙였다.

앞의 세 가지 사실을 정리하면 다음과 같다.

첫째, 먼저 유전하는 형질은 독립한 요소이다.

둘째, 각각의 요소에는 우성과 열성이 있다.

셋째, 잡종 1대에서는 우성의 형질만 나타나지만, 잡종 2대에서는 우성과 열성이 3 : 1의 비율로 나타난다.

어떠한가? 이제 유전의 법칙성을 꽤 알게 되었다. 이어서 멘델은 이 법칙성을 기호로 설명했다. 앞서 설명한 것처럼 멘델은 당대의 일류 물리학자였다. 물리학에서는 현상을 파악한 후 수식과 같은 모델로 설명하는 것이 지극히 자연스럽다. 그것 때문에 오히려 멘델이 당시의 박물학적 생물학자들의 이해를 얻지 못했지만 말이다.

멘델이 생각한 유전 모델이 어떠한 것인지 설명해보자. 먼저 우성 요소를 A, 열성 요소를 a라는 기호로 나타낸다. 멘델은 이미 배아가 자웅의 합체로 만들어진다는 사실을 알고 있었으므로 각 개체가 갖는 유전 요소는 2개가 한 쌍이라고 생각했다. 이 2개가 한 쌍인 요소를 '대립유전자'라고 한다.

다시 말해 순종을 AA와 aa로 표기하는 것이다. 이를 호모(동형)접합이라고 한다. 그러면 잡종 1대는 각각 순종에서 요소를 하나

◆ 멘델의 3가지 유전법칙

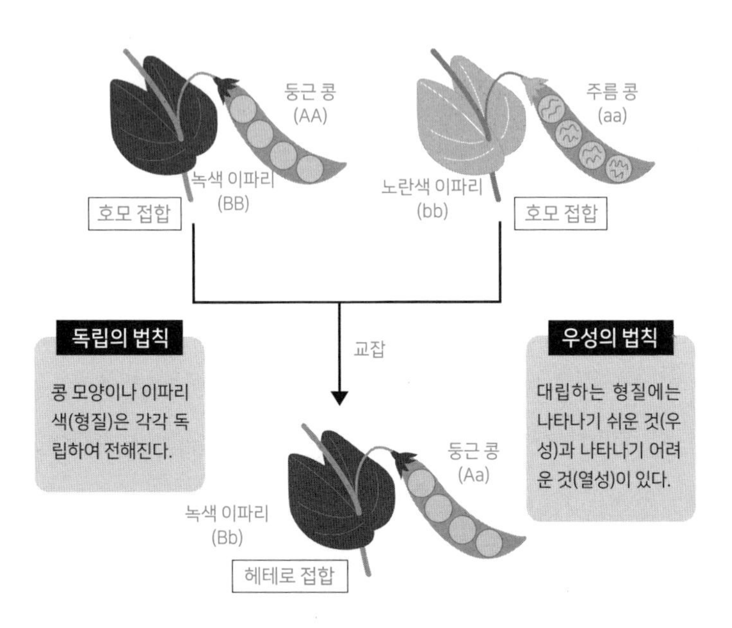

	A	a
A	AA	Aa
a	Aa	aa

⬇

A : a = 3 : 1

분리의 법칙

대립하는 형질을 전하는 요소(유전자)가 헤테로 접합인 개체(잡종)를 교잡하면, 대립 형질의 발현은 우성:열성이 3:1이 된다.

씩 조합하여 Aa로 표기할 수 있다. 이를 헤테로(이형) 접합이라고 한다. 우성의 법칙에 따라 Aa를 나타내는 형질은 A다.

다음으로 잡종 2대는 어떻게 될까? Aa와 Aa에서 요소를 하나씩 조합하는 것이기 때문에 AA와 aa, 그리고 Aa가 2개 생긴다. 그러면 우성의 법칙에 따라 A의 형질을 나타내는 조합은 AA와 2개의 Aa로 총 세 가지다. a 형질을 나타내는 조합은 aa로 한 가지다. 즉 분리의 법칙에서 봤던 3:1이 된다는 사실을 알 수 있다.

인간에게 유전법칙을 적용하면?

식물뿐 아니라 인간에서 알기 쉬운 예를 들자면, ABO식 혈액형이 있다. 이때 우성 형질은 A와 B이고, O는 열성이다. AA나 BB, OO는 순종이다. 참고로 이 ABO식 혈액형은 적혈구 표면에 있는 당쇄라는 물질의 종류로 분류한 것이다. 당쇄는 이름표 같은 것이라고 생각하면 된다. A형과 B형인 사람은 각각 A나 B 이름표를 적혈구에 붙이고 있다. AB형은 A와 B라는 이름표 2개를 붙이고 있는 것이다.

그렇다면 O형은 어떨까? 사실 O형은 이름표가 없다. O형은 알파벳 O가 아니라 숫자 0이라는 설도 있는데, 독일어로 '없는'이라는 의미의 전치사 ohne에서 따왔을 가능성도 지적되고 있다. 정확한 사실은 전해지지 않았다.

다시 유전 이야기로 돌아가 보자. 혈액형에서 멘델의 법칙을 확인할 수 있다는 말을 하고자 한다. 예를 들어 순종 A형(AA)과 O형(OO)인 사람이 결혼해서 아이를 낳았다고 가정해보자. 태어날 아이는 반드시 A형이다(단, 유전자형은 AO). 이는 '우성의 법칙'이다. 덧붙이자면 AB형처럼 A형과 B형의 형질이 모두 나타나는 것을 '공동 우성'이라고 한다.

순종이 아닌 A형(AO)끼리 결혼했을 때는 AA가 한 사람, AO가 두 사람, OO가 한 사람이라는 조합을 생각할 수 있다. 아이 네 명을 낳으면 세 명이 A형, 한 명이 O형이 될 가능성이 높다. 이는 '분리의 법칙'이다.

참고로 인간은 보통 한 번에 한 명만 아이를 낳기 때문에 앞서 언급한 가능성은 어디까지나 확률에 지나지 않는다. 다른 동물처럼 한꺼번에 많이 낳는다면 거의 깔끔한 비율로 분리의 법칙을 따를 것이다. 혈액형과 손발의 길이나 피부색, 곱슬머리와 생머리 등과 관계없이 독립의 법칙에 따라 결정된다. 이처럼 멘델은 난해하게 생각되었던 유전법칙을 간단하게 나타내는 것에 성공했다.

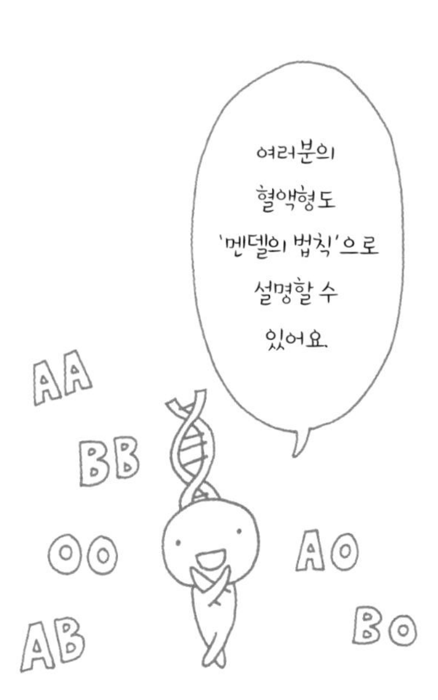
여러분의
혈액형도
'멘델의 법칙'으로
설명할 수
있어요.
AA
BB
OO
AB
AO
BO

유전자와 염색체의 상관관계

유전자의 정체를 찾아서

유전자의 선구자 멘델은 사실 '유전자'라는 말을 사용하지 않았다. 처음으로 유전자라는 용어를 사용한 사람은 윌리엄 베이트슨(William Bateson)이었다.

베이트슨은 1900년에 멘델의 법칙을 재발견한 사람 중 한 명인 더프리스의 논문에서 멘델의 존재를 알게 되었고, 멘델의 논문을 영어로 번역해 세상에 알리면서 유전자나 유전학이라는 용어를 만들었다. 베이트슨 이후에 유전자의 개념은 널리 퍼졌지만, 유전자의 정체가 어떤 물질인지는 여전히 명확하지 않았다.

시대를 조금 거슬러 올라간 1842년, 카를 빌헬름 폰 네겔리(Karl Wilhelm von Nageli)가 최초로 현미경을 사용해 세포분열을 관찰하고, 세포핵 안에서 '염색체(크로모좀)'를 발견했다. 그러나 네겔리는 염색체의 중요성은 알아차리지 못했고, 하인리히 발다이어(Heinrich Wilhelm Gottfried Waldeyer)가 1888년에 염색체란 이름을 붙였다. 네겔리가 관찰한 후 40년이나 지난 1882년에 염색체가 세포분열과 관련 있다는 사실을 발견한 사람은 발터 플레밍(Walther Flemming)이다. 플레밍은 아닐린이라는 염기성 물질로 핵 안이 물든다는 사실을 알아차렸다. 그래서 염색체인 것이다.

1902년에 월터 서턴(Walter Stanborough Sutton)은 메뚜기의 생식세포(정자나 난자)를 사용하여 '감수분열'을 발견했다. 감수분열은 생식세포에 나타나는 특유의 현상인데, 염색체 수가 반감하는 세포분열을 말한다. 염색체 절반이 유전 형질의 '요소'라고 치면, 이는 멘델의 모델을 잘 설명하는 현상이었다.

어느 학자의 도전

그렇다면 유전자와 염색체 사이에는 어떤 관계가 있을까? 그것을 검증한 사람은 토머스 모건이다. 원래 해양 생물을 연구하여 발생학에서 학위를 딴 모건은 연구 초반에 다윈의 진화론에 흥미가 있었던 듯하다. 진화에 대해 연구하려면 몇백 세대나 되는 실험 생물을 계속 따라가야 한다. 그러려면 탄생에서 차세대 생식까지의 주기인 생활환이 짧은 생물을 사용해야 했다.

마침 모건이 컬럼비아대학 교수로 취임한 1904년은 멘델의 법칙의 재발견에 이목이 집중되고 서턴이 염색체설을 제창한 직후였다. 당시 유전자는 아직 추상적인 존재였으며 염색체의 활동도 밝혀지지 않았다. 모건도 그때는 염색체설이나 멘델의 법칙을 의심했던 듯하다. 그러다 큰달맞이꽃을 사용한 더프리스의 돌연변이 연구를 견학하면서 흥미를 가지게 되면서 동물의 돌연변이를 확인하기로 마음먹었다. 참고로 돌연변이란 조상으로부터 이어져 내려온 생물의 형질이 변하는 것을 말한다.

몇 년이 지나 한 학생이 모건의 연구실에 실험동물로 노랑초파리를 갖고 왔다. 흔히 초파리라고 하는, 부엌을 날아다니는 작은 파리의 친구다. 초파리는 술에 모여든다. 실제로는 술만 좋아하는 것은 아니고 식초에도 모인다. 자연 환경에서는 익은 과일이나 수액에서 번식하는 효모를 먹이로 삼는다. 모건은 바나나를 창가에 두고 초파리를 잡았다고 한다.

초파리의 생활주기는 약 열흘이고 수명은 약 2개월로 무척 짧다. 몸길이는 2~3밀리미터로 작아 대량으로 길러도 공간을 절약

할 수 있는데, 우유 한 병 정도의 용기에 수십 마리를 기를 수 있다. 먹이도 바로 구할 수 있어서 사육하기 쉬웠다. 말하자면 실험동물로서 장점이 컸다. 생리적으로 싫어하는 사람은 있겠지만 말이다.

그러한 장점에서 1907년경 모건은 노랑초파리를 이용한 유전학적 연구를 계획하게 되었다. 노랑초파리는 이제 막 흥하기 시작한 유전학을 연구하는 대상으로도 여러모로 유리했다.

흰 눈 초파리의 탄생

예를 들어 암컷 파리 한 마리는 하루에 50개나 알을 낳는다. 멘델의 법칙은 어디까지나 확률 이야기이기 때문에 많은 자손을 해석할 수 있으면 그만큼 검증이 쉽다. 또한 염색체가 8개(4쌍)뿐이므로 유전자가 염색체와 관계가 있다면 해석하기 쉬워야 한다(인간은 23쌍 46개).

노랑초파리의 침샘 세포 염색체(침샘 염색체)가 특이했는데, 세포분열을 하지 않은 채 복제를 반복하여 같은 염색체가 몇 개씩 겹쳐져 두꺼워졌기 때문이다. 이를 '다사화'라고도 한다. 일반 세포핵에 있는 염색체에 비해 거대한 덕에 현미경으로 쉽게 관찰할 수 있다. 당시 현미경의 성능으로는 일반 세포 염색체는 잘 보이지 않았다.

그러나 실험 당시 두드러지는 돌연변이는 발견되지 않았다. 열을 가하고 산이나 알칼리를 주사하고 죽지 않을 정도의 자극을 주면서 사육을 계속했지만, 붉은 눈에 줄무늬를 가진 흔한 노랑초파리만 태어났다(야생형이라고 부른다). 그래도 모건 팀은 굴하지 않았다. 몇만 마리, 아니 몇십만 마리나 같은 모양을 계속 관찰했다.

그러던 어느 날 늘 사육하는 우유병 안에 낯선 노랑초파리 한 마리가 있었다. 그 초파리의 눈은 흰색이었다. 실험을 시작하고 3년이 지난 1910년의 일이었다.

눈이 흰 노랑초파리(이하 '흰 눈')가 돌연변이체라면, 교배했을 때 자손에 형질이 유전되어야 한다. 흰 눈은 수컷이었기에 다른 암컷과 교배를 시도했다. 그러자 태어난 새끼들은 모두 눈이 붉었다. 이어서 그 새끼들끼리 교배시켰다. 그러자 손자 대에 3분의 1 비율로 흰 눈이 태어났다. 역시 흰 눈 형질은 열성 유전일지도 모른다. 그리고 분리의 법칙을 따르는 것처럼 보였다.

흰 눈은 멘델의 법칙에 따라 유전하는 돌연변이체였던 것일까? 그러나 기묘한 일이 일어났다. 태어난 손자 대의 흰 눈은 모두 수컷이었다. 더 정확하게 말하자면, 암컷은 모두 붉은 눈이었고 수컷의 절반이 흰 눈이었다. 이 현상을 어떻게 설명하면 좋을까?

결론부터 말하면 흰 눈 유전자는 암수의 성을 결정하는 유전자가 실린 염색체(성염색체)와 함께 묶인 세트였다. 이처럼 성염색체와 함께 가는 유전을 '반성 유전'이라고 한다(166쪽 참조).

일단은 염색체설을 뒷받침하는 상황 증거가 하나 발견되었다는 뜻이다. 한번 방법을 터득하면 그 순간 일이 척척 진행되는 것이 세상의 진리일까? 그 후 모건의 연구실에서는 연이어 돌연변이체를 발견하게 되었다.

◆ 두 쌍의 대립유전자 연관

A(a)와 B(b)가 완전히 독립

	AB	Ab	aB	ab
AB	AABB	AABb	AaBB	AaBb
Ab	AABb	AAbb	AaBb	Aabb
aB	AaBB	AaBb	aaBB	aaBb
ab	AaBb	Aabb	aaBb	aabb

AB : Ab : aB : ab
॥
9 : 3 : 3 : 1

A와 B(a와 b)가 완전히 연관

	AB	Ab	aB	ab
AB	AABB			AaBb
Ab				
aB				
ab	AaBb			aabb

AB : Ab : aB : ab
॥
3 : 0 : 0 : 1

그리고 모건은 그러한 복수의 형질 사이에서 분리의 법칙이 성립하는 것과 성립하지 않는 것을 발견했다. 분리의 법칙이 성립하지 않는 형질은 4개의 그룹으로 나누었다. 참고로 하나의 염색체 상에 복수의 유전자가 모여 있는 것을 '연관 유전(Genetic linkage)' 혹은 단순히 '연관'이라고 부른다.

앞서 서술한 것처럼 노랑초파리의 염색체는 4쌍이다. 역시 유전자는 염색체별로 세트가 되어 있던 모양이다. 그러나 신기한 데이터도 모였다. 완전히 독립하지도, 반대로 연관하지도 않은 것처럼 보이는 형질이 있었던 것이다. 그렇다면 2쌍의 대립유전자(A와 a 혹은 B와 b)가 완전히 독립하고 있다고 가정했을 때, 각각 헤테로 유전자(AaBb 발현하는 형질은 AB)를 가진 개체끼리 교배시키면 발현하는 형질의 비율(AB : Ab : aB : ab)은 9 : 3 : 3 : 1이 되어야 한다.

반대로 유전자 A와 B, a와 b가 완전히 연관하고 있다고 가정했을 때는 형질 AB : ab가 3:1이 되고, 형질 Ab나 aB는 태어나지 않아야 한다. 이것은 어떻게 설명하면 좋을까?

여기서 다음으로 헤테로 유전자(AaBb, 발현하는 형질은 A와 B)를 가진 개체에 열성 호모 유전자(aabb, 발현하는 형질은 a와 b)를 교배했다. 만약 완전히 독립하고 있다면 AB : Ab : aB : ab는 1:1:1:1로, 완전히 연관하고 있다면 1 : 0 : 0 : 1이 되어야 한다.

그러나 실제로는 어느 쪽이랄 것도 없이 어중간한 숫자가 나왔다. 연관되어 있을 유전자 A와 B는 어떠한 확률로 염색체를 옮기고 있었기 때문이다. 이를 '상동 재조합(Homologous recombination)'이라고 부른다.

토머스 모건, 노벨상에 빛나다

그렇다면 어떻게 해서 재조합이 일어날까? 유전자가 일렬로 늘어선 목걸이나 구슬과 같은 것을 염색체라고 상상하면 금세 이해될 것이다. 인간을 포함하여 대부분의 생물은 부모에게 물려받은 염색체를 1개씩 총 2개 갖고 있는데(상동염색체), 그것을 생식세포에 하나씩 나눈다. 이 생식세포가 만들어질 때 어떠한 확률로 상동염색체를 교차한다.

그렇다고 해서 트럼프를 섞는 것처럼 되지는 않는다. 염색체 2개가 X 자로 꼬이면서 바뀌는 것이다. 이를 교차(환승)라고 한다. 꼬여서 바뀌는 위치는 그때그때 다르다. 더 정확히 말하면 꼬이기 쉬운 위치가 있다.

단, 어느 두 유전자가 염색체 위에 떨어져 있으면 상동 재조합의 확률(재조합률)이 높아지리라는 사실은 바로 파악할 수 있을 것이다. 즉 어느 두 유전자의 재조합률이 염색체상의 물리적 거리와 관련 있다고 추측할 수 있다. 그 말은 여러 유전자 사이의 재조합

◆ 상동염색체 교차

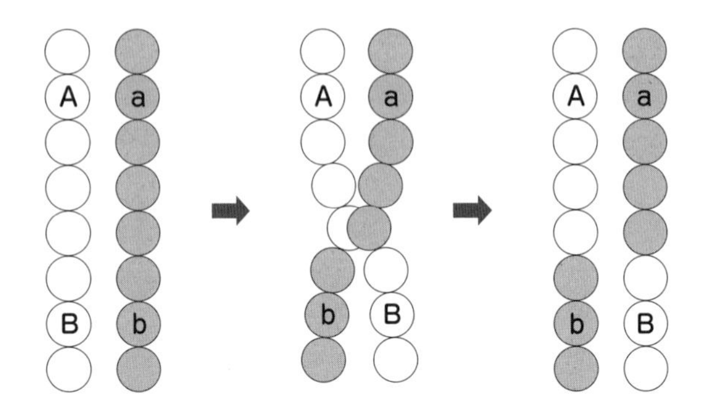

동그라미 1개가 유전자 1개, 염색체 1개는 복수의 유전자가 일렬로 늘어서 있다. 어디서 교차하는지는 그때그때 다르기 때문에 교차할 확률은 A와 B의 거리와 관련 있다.

률을 구하면 각각 유전자의 상대적 거리를 알 수 있다는 뜻이다.

여기서 모건 팀은 침샘 염색체를 관찰한 결과와 대조했다. 염색체는 색소에 물드는데, 전체가 고르게 물드는 것이 아니라 바코드의 줄무늬처럼 된다. 재미있게도 줄무늬 패턴은 야생형에서는 모두 같았지만, 돌연변이체에서는 일부 패턴이 달랐다.

그리고 각 변이체의 줄무늬 패턴의 차이와 각 변이체 사이의 재조합률을 비교했더니 유전자 염색체상 배치가 거의 일치했다. 이를 '염색체 지도'라고 한다. 그야말로 유전자의 지도다.

이러한 모건 팀의 연구 덕분에 유전자가 염색체상에서 일렬로 늘어서 있다는 사실이 확정되었다. 이 공적으로 모건은 1933년에 노벨 생리의학상을 받았다.

DNA와 염색체 연구에서 발견한 사실

『종의 기원』 출간 당시 시대적 상황

모건이 염색체의 수수께끼를 풀고 있었던 1910~1920년대에는 아직 염색체 구조가 알려지지 않았다. 단지 단백질과 디옥시리보 핵산(DNA)에서 만들어진다는 사실까지만 화학적으로 분석한 상태였다.

서턴이나 모건이 등장하기 전까지 염색체가 유전과 밀접하다고는 아무도 예상하지 못했고, 더욱이 DNA가 중요한 존재라는 사실은 전혀 상상도 하지 못했다. 이러한 시대에 출발한 염색체 연구의 역사를 더듬어보자.

네겔리가 세포핵 염색체를 발견한 시기는 1842년이었다. 그리고 약 30년 후인 1869년 요하네스 프리드리히 미셰르(Johannes Friedrich Miescher)가 세포핵에서 처음으로 핵산을 분리했다. 다윈이 1859년에 『종의 기원』을 출판하고, 멘델이 1865년에 연구 결과를 발표한 이후였다.

미셰르는 당시 백혈구를 생화학적으로 연구하고 있었다. 생화학이란 생체 물질을 화학적으로 연구하는 학문 분야인데, 생물물리학이나 세포생물학과 함께 의학, 생리학의 기초다. 물론 후세의 유전학이나 분자생물학과도 관련 있다.

아버지와 숙부가 스위스 바젤대학 의학부 해부학 교실 교수였던 미셰르는 그 자신도 바젤대학 의학부에 진학했지만 아버지나 숙부처럼 임상 의사가 아니라 기초 연구의 길을 택했다. 유소년기에 걸린 티푸스(고열) 후유증으로 귀가 조금 어두운 탓에 청진기를 쓰기 어려웠기 때문이라고 한다.

미셰르는 독일 괴팅겐대학에서 학위를 받고 튀빙겐대학에서 연구자로서 경력을 시작했다. 튀빙겐대학은 행성의 운동에 관한 케플러의 법칙으로 유명한 천문학자 요하네스 케플러나 철학자 게오르크 헤겔도 공부했던 유서 깊은 학교이다.

미셰르의 실험 대상은 인간의 백혈구였다. 병원에서 대량으로 나오는 외상 환자의 붕대에 밴 고름에서 채취해 실험 재료를 구했다. 고름에는 백혈구가 많이 포함되어 있다. 당시에는 상처 부위에 바로 고름이 생겼다. 아직 의료 현장에 소독의 중요성이 보급되지 않은 시절이었다. 그러나 고름으로 더러워진 붕대에서 백혈구 세포만 깔끔하게 분리하기는 꽤 어려웠다.

그래서 미셰르는 발상을 바꿨다. 세포를 살린 채 물리적으로 분리하지 않고 세포를 녹여 화학적으로 분리, 추출한 것이다. 미셰르는 그 추출물에 '뉴클레인'이라는 이름을 붙였다. 이것이 후에 핵산이라고 이름 붙여진 물질이다.

사실 미셰르는 뉴클레인을 단백질의 일종이라고 생각했다. 인산을 많이 포함했기 때문에 인의 저장과 관계 있는 단백질이라고 생각한 듯하다. 그 후 미셰르는 바젤대학으로 돌아가 생리학 교수가 되어 다양한 업적을 쌓았다. 그러나 뉴클레인은 학회에서 주목을 받지 못해 연구도 더 이상 진행하지 못했다. 늘 추운 실험실에서 일에 몰두했던 탓인지 그는 결핵에 걸려 1895년에 51세라는 비교적 이른 나이에 세상을 떠났다.

미셰르가 추출한 뉴클레인에서 단백질을 완전히 제거하여 1889년에 엄밀한 의미의 '핵산'을 추출한 인물은 미셰르의 제자인 리하르트 알트만(Richard Altmann)이다. 핵산으로 이름을 바꾼 것도 알트만이다.

참고로 알트만은 당시 광학 현미경으로 겨우 보이는 해상도로 알갱이 상태인 세포 내 소기관(미토콘드리아)을 발견하는 등 큰 업적을 남겼는데도 영어나 일본어 자료가 별로 없다. 독일에서도 손에 꼽는 의학부를 보유한 라이프치히대학에서 임시 해부학 교수까지 역임한 인물이었지만, 과소평가받는 이유는 알 수 없다. 알트만은 1900년에 58세의 나이로 세상을 떠났다.

유전정보를 이해하기 위한 핵심 물질

같은 시기에 뉴클레인에서 다섯 종류의 핵산 염기를 분리, 정제한 사람은 알브레히트 코셀(Albrecht Kossel)이다.

핵산은 핵산 염기와 당쇄의 일종 그리고 인산에서 구성되는 고분자 화합물이다. 코셀이 단리(시료에서 단일한 물질을 순도 높게 분리하는 것-옮긴이)한 다섯 종류의 핵산 염기는 아데닌·구아닌·사이토신·티민·우라실을 일컫는데, 각각 A·G·C·T·U로 표기한다. 이 핵산 염기야말로 유전정보를 이해하는 데 열쇠가 되는 가장 중요한 물질이다.

코셀은 핵산과 단백질에 관한 연구 성과로 1910년에 노벨 생리의학상을 받았다. 참고로 알트만이 코셀의 동문 선배이니 코셀의 노벨상은 미셰르와 알트만을 포함한 세 사람에게 주어졌다는 것이나 마찬가지 아닐까?

그러나 이 시기에는 핵산이 어떤 식으로 세포 내에서 활동하는지 이해하지 못했다. 고작 핵산 염기 다섯 종류가 그렇게 복잡한 일을 할 수는 없으리라고 생각했다. 당시에는 복잡한 생명 현상의 원인을 단백질(특히 효소)에 따른 것이라고 생각했다. 효소가 생체 내의 촉매(화학반응을 제어하는 물질)라는 사실은 이미 19세기 말에 밝혀졌기 때문이다.

예를 들어 독일의 에두아르트 부흐너(Eduard Buchner)는 1896년에 효모를 뭉개서 추출한 내용물(효소)로 설탕이 알코올로 발효한다는 사실을 발견하여 1907년에 노벨 화학상을 받았다. 생물이 물질을 분해 혹은 생성을 위해서는 살아 있는 세포가 아니라, '세포에 들어 있는 단백질 · 효소의 활동'이라는 조건이 필요했던 것이다. 생명 활동은 일종의 화학반응이고, 생기론(생체 내 초자연적인 작용으로 생명 현상이 나타난다는 이론으로, 기계론과 대립한다)처럼 물리나 화학으로 설명할 수 없는 특수한 무엇을 필요로 하지 않는다는 사실을 이해하기 시작한 시대였다.

이어서 생화학적으로 핵산을 분석한 사람은 코셀의 동료로도 일한 적 있는 피버스 레벤(Phoebus Aaron Theodore Levene)이었다. 레벤은 인산과 핵산 염기 외에 두 종류의 당인 리보스와 데옥시리보스가 핵산에 포함되어 있다는 사실을 발견했다. 그러니까 핵산에는 리보스+핵산 염기(AUGC)+인산으로 만들어진 '리보핵산(RNA)'과 데옥시리보스+핵산 염기(ATGC)+인산으로 만들어진 '데옥시리보핵산(DNA)' 두 종류가 있다.

레벤은 핵산의 구조에 대해 다음과 같이 생각했다. 먼저 당(리보스 혹은 데옥시리보스)과 인산이 교대로 연결된다. 그 당에 네 종류의 핵산 염기 중 하나가 연결된다. 핵산 염기는 네 종류기 때문에 4번 반복한 구조의 당에 한 종류씩 핵산 염기가 붙는다. 이를 '테트라뉴클레오티드 가설'이라고 한다. 그러나 결과적으로 이 가설은 틀렸다. 이론은 꽤 괜찮았지만, 레벤도 핵산이 세포 내에서 어떤 작용을 하는지 이해하지 못했던 것이다.

교과서에 실리지 못한 천재 과학자들

이 틀린 가설 때문인지 레벤도 크게 알려지지 않았다. 평생 동안 700편이 족히 넘는 논문을 집필하고 생화학 발전에 크게 기여했지만 말이다. 핵산의 구조에 관해서는 틀린 가설을 세웠지만 핵산을 DNA와 RNA로 분류한 사람은 레벤이고, 그의 연구가 훗날 DNA의 구조 결정으로 이어진 것은 엄연한 사실이다. 대단한 선구자인데도 교과서에서 빠진 천재들이 과학계에는 여럿 있다.

레벤의 테트라뉴클레오티드 가설을 부정한 사람은 스웨덴의 토르비에른 오스카르 카스페르손(Torbjöm Oskar Caspersson)이다. 카스페르손은 당시 칼로린스카 의과대학에 다니는 스물두 살의 의대생이었다. 칼로린스카 의과대학은 의학계 단과대학에서 세계 최대를 자랑하는 연구기관이었고, 스웨덴에서는 국내 최대 연구 교육기관이었다. 노벨 생리의학상 선고 위원회가 설치되어 있는 것으로도 유명하다.

카스페르손은 박사논문에서 핵산이 '생체 고분자'라는 사실을 지적했다. 생체 고분자란 천연으로 존재하는 고분자 화합물을 말하는데, 고분자 화합물이란 기본 단위가 되는 분자 구조가 반복하여 결합한 커다란 분자를 뜻한다. 레벤은 핵산을 4쌍의 핵산 염기와 인산과 당이 합쳐진 분자라고 생각했다. 그런데 카스페르손은 핵산이 '핵산 염기+인산+당'이라는 단위로 몇천, 몇만이나 줄지어 늘어서 있는 거대한 분자라는 사실을 입증했다.

게다가 카르페르손은 세포 내 핵산의 분포를 알아보는 데도 성공했다. 그에 따르면 DNA는 핵에 집중하고, RNA는 세포질에도 분포했다. 곧 DNA와 RNA가 세포 내에서 다른 활동을 하고 있다는 사실과 염색체는 주로 DNA에서 생긴다는 사실을 추측할 수 있다.

카르페르손의 연구 덕분에 염색체가 DNA의 거대 분자라는 사실이 알려졌다. 같은 말을 반복하게 되는데, 당시에는 많은 연구자가 단백질을 중시했기 때문에 핵산에 주목한 연구는 많지 않았다. 분자 구조도 기능도 밝혀지지 않았고, 고작 다섯 종류의 핵산 염기가 복잡한 생명 현상을 짊어지기에 너무 단순하다고 여겨졌다. 그 후 젊은 나이에 성공한 카르페르손은 칼로린스카 의과대학에 신설된 세포학 연구 부문 책임자가 되었다.

이제 염색체가 데옥시리보핵산(DNA)에서 생기며 DNA가 생체 고분자라는 사실까지 알았다. 그러나 그 기능을 밝히려면 다른 연구를 기다려야 했다.

DNA 활동은 어떻게 알려졌을까

스페인 독감의 대유행

DNA에는 '생물의 형질을 물려준다'는 기능이 있다. 그 사실은 어떻게 밝혀졌을까? 레벤과 카스페르손의 연구 사이에 흥미로운 현상을 발견한 연구자가 있었다. 프레더릭 그리피스(Frederick Griffith)다. 제1차 세계대전 중에 군의관이었던 그리피스는 전쟁 후 영국 보건부에서 근무했다. 그 무렵 문제였던 것은 1918~1919년에 대유행했던 인플루엔자, 우리가 알고 있는 스페인 독감이었다.

스페인 독감은 아마도 인류 최초로 인플루엔자 때문에 발생한

판데믹이었고, 당시 5억 명 이상이 감염되어 1억 명 가까이 되는 사람이 사망했다. 인류의 약 3분의 1이 감염되었으리라고 추측된다.

인플루엔자의 병원체는 바이러스지만, 환자의 대부분은 합병증인 폐렴이 원인으로 사망했다. 당시에는 바이러스 분리 기술도 미숙했기 때문에 스페인 독감의 원인을 잘 알지 못했다. 그러나 폐렴의 병원균인 폐렴연쇄구균은 분리에 성공했다.

그래서 그리피스는 폐렴연쇄구균의 백신을 개발하기로 했다. 그가 많은 환자에게서 폐렴연쇄구균을 모아 배양했더니 크게 두 가지 유형이 있다는 사실이 밝혀졌다. 하나는 콜로니(배양지에 퍼지는 균 덩어리) 표면이 울퉁불퉁하고(R형균), 다른 하나는 매끄러웠다(S형균). R형균은 독성이 약하고 S형균은 맹독이었다.

이 두 가지 유형을 실험용 쥐에게 투여했더니 다음과 같은 결과가 나왔다. 먼저 R형균을 투여한 쥐는 생존하고, S형균을 투여한 쥐는 폐렴으로 죽었다. 이어서 열로 멸균한 S형균을 투여한 쥐는 생존했다. 다시 말해 폐렴은 살아 있는 S형균 그 자체가 문제이며 독소 같은 물질이 원인이 아닐까 추측되었다. 멸균을 확실히 하면 폐렴을 막을 수 있다는 뜻이다.

그러나 그리피스는 이상한 사실을 깨달았다. 우연히 열을 가한 S형균과 살아 있는 R형균을 동시에 투여한 쥐가 폐렴으로 사망한 것이다. 게다가 죽은 쥐에서는 살아 있는 S형균이 분리되었다. 열을 가한 S형균이나 R형균을 따로따로 투여한 쥐는 생존한 반면, 두 가지를 동시에 투여했더니 죽은 것이다. 게다가 멸균한 줄 알았던 S형균이 다시 살아나 있었다.

그리피스는 살아 있는 S형균이 섞이지 않았을까 의심하여 주의 깊게 몇 번이나 실험을 다시 했다. 그러나 멸균한 S형균은 완전히 죽어 없어져 있었다. 그 말은 R형균이 S형균으로 변이했을 수도 있다는 의미였다. R형균에는 S형균이 갖고 있는 독성을 발휘하는 형질이 결여되어 있었다. 그렇다면 R형균은 죽은 S형균에 포함된 무언가를 통해 그 형질을 받아들인 것일까? 사실 그 '무언가'가 바로 DNA였다.

S형균을 열로 멸균해도 세균 안에 있던 DNA까지는 파괴하지 못했던 것이다. 그리고 S형균의 형질을 받아들인 원래 R형균은 S형균으로 배양할 수 있었다. 받아들인 형질은 유전되는 것이다. 1928년 그리피스는 이 미생물이 자신에게 없는 형질을 받아들여 변이하는 현상에 '형질전환'이라는 이름을 붙였다.

그러나 그리피스의 연구는 사람들의 주목을 그리 많이 모으지 못했다. 왜냐하면 미생물이라고는 해도 그렇게 간단히 형질이 변화한다고는 생각되지 않았고, 원인이 되는 메커니즘을 모른다는 것도 문제였다.

◆ 그리피스의 형질전환 실험

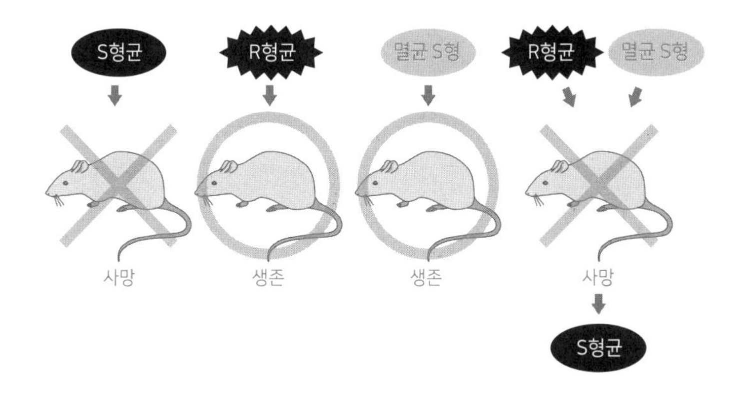

R형균은 죽은 S형균에서 무언가(DNA)를 받아들여 S형균으로 형질전환 했다고 볼 수 있다.

그리피스는 연구를 이어갔지만 결국 형질전환의 정체를 알지 못한 채 세상을 떠났다. 제2차 세계대전 중인 1941년 런던 시내에서 독일군의 대공습에 휘말렸다고 전해진다.

형질전환을 일으키는 물질의 정체가 DNA라는 사실을 증명한 사람은 오즈월드 에이버리(Oswald Avery)다. 에이버리는 앞에 나온 카스페르손과 대조적으로 무척 늦게 핀 연구자였다. 어릴 적부터 두각을 보이는 많은 과학자들 중에서도 에이버리의 경력은 이색적이다. 15세 때 영국 뱁티스트파(침례교파-옮긴이) 목사인 아버지와 형을 결핵으로 잃고 아버지와 같은 성직자의 길을 가려고 했는지 뱁티스트 교회의 흐름을 이어받은 콜게이트대학에 진학했다. 23세에 대학을 졸업했지만 어쩐 일인지 1900년에 컬럼비아대학 의과대학원에 진학했다.

에이버리는 대학원을 4년 만에 졸업하고 3년 정도 임상의로 일했지만, 당시 의학 수준으로는 생각대로 환자를 구제할 수 없었다. 그래서 에이버리는 기초 의학을 연구하기 위해 이제 막 설립된 미생물학연구소로 자리를 옮겼다. 당시에는 유산균 분류에 힘을 쏟고 있었는데, 생화학 지식이나 실험 손기술의 가르침을 준 상사를 결핵으로 잃고 나서 병원균을 생화학적으로 연구하겠다고 결심했다. 그리고 1923년에 록펠러연구소로 옮긴 후부터 연구자로서 은퇴할 때까지 실험에 푹 빠진 나날을 보냈다.

그리피스의 가설을 확신한 에이버리

1928년에 그리피스의 논문이 발표되었을 때 에이버리도 폐렴연쇄구균의 백신을 개발하는 데 몰두하고 있었다. 에이버리는 다른 많은 연구자와 마찬가지로 그리피스의 연구 결과를 믿을 수 없었다. 그렇게 간단히 균의 성질이 바뀐다면 자신들이 개발한 세균 분류법이 쓸모없어지리라고 생각했던 것이다.

그러나 찬찬히 실험을 그대로 따라 했더니 그리피스의 설은 틀림이 없었다. 에이버리는 신중하게 실험을 진행했다. 먼저, 쥐를 사용하지 않아도 그리피스의 설을 입증할 수 있는 방법을 1931년에 확립했다. 가열 멸균하는 대신 S형 폐렴연쇄구균을 뭉개서 여과한 액체와 R형균을 같이 배양하면, S형 특유의 표면이 매끄러운 콜로니를 얻을 수 있었다. 이 형질전환 실험계를 사용하여 S형을 뭉갠 액체에서 다양한 요소를 분리하고 R형의 형질전환을 확인했다.

실험을 반복한 지 약 10년, 에이버리는 '형질전환을 하는 물질이 DNA'라는 사실을 확신했다. 에이버리도 처음에는 단백질에 주목했다. 그러나 단백질을 완전히 제거해도 형질전환은 일어났다. 형질전환이 일어나지 않을 때는 DNA를 제거했을 때뿐이었다. 즉 그때까지 기능을 알 수 없었던 DNA야말로 형질을 물려주는 작용을 하고 있었던 것이다.

이 성과를 논문으로 발표했을 때 에이버리는 67세였다. 이미 전년도에 연구소에서 명예퇴직 자격을 얻었지만, 그는 1948년까지 연구소에 남아 실험을 계속했다. 은퇴 후에는 형제와 함께 살았고, 1955년에 세상을 떠났다. 그는 평생 독신으로 살면서 성직자처럼 연구에 온몸을 바친 인생을 보냈다.

지금 생각하면 에이버리 팀의 업적은 노벨상을 받고도 남는다. 그러나 일부 선견지명이 있는 연구자들을 제외하고, 시대의 추세가 단백질에서 DNA로 향하기에는 조금 더 시간이 필요했다. 집요하게 에이버리를 공격했던 단백질 지상주의의 학자도 있었다고 한다. 그래도 한편에서는 에이버리의 연구 성과를 받아들여 DNA 연구에 뜻을 함께한 연구자가 적지 않았던 모양이다. 그 중에서도 중요한 발견을 한 사람이 어윈 샤가프(Erwin Chargaff)였다.

샤가프는 오스트리아 출신이었지만, 나치의 지배를 피해 프랑스와 미국으로 망명했다. 그리고 컬럼비아대학의 생화학과에서 조교수로 있을 때 에이버리의 논문을 만났다.

샤가프의 법칙이란?

에이버리의 정교하고 치밀한 실험에 감명받은 샤가프는 당시의 최신 기술을 이용해 다양한 생물의 DNA를 분석했다. 그 분석 결과에서 얻은 두 가지 사실은 '샤가프의 법칙'이라고 불린다.

첫 번째 사실은 DNA에 포함된 네 종류의 핵산 염기 중에 아데닌(A)과 구아닌(G)의 수, 또는 사이토신(C)과 티민(T)의 수가 생물종에 상관없이 항상 같다는 것이다. 한편 A와 C 또는 G와 T의 비율은 생물에 따라 달랐다. 그 말인즉슨 일반적인 구조로서 DNA는 A와 G 또는 C와 T가 짝이라는 것과 생물에 따라 달라야 할 유전정보는 DNA가 담당하고 있다는 두 가지 가능성을 나타낸다.

샤가프의 법칙은 후에 DNA 구조를 결정하는 큰 힌트가 되었는데, 아쉽게도 샤가프 자신은 그 중요성을 완전히 이해하지 못했다. 에이버리의 실험이나 샤가프의 법칙은 생명의 형질을 물려주는 물질이 DNA라는 사실을 강하게 나타낸다. 그러나 상황 증거일 뿐이라는 말에는 반론할 수 없었다. 더 직접적으로 증명하는 방법은 없을까?

이 물음에 대답하기 위해서는 1969년에 노벨상을 수상한 세 사람의 연구를 설명할 필요가 있다. 그것은 분자생물학이라는 새로운 학문의 여명기에 대한 이야기이기도 하다.

DNA는 생물의 형질을 물려준다

양자역학과 유전학

DNA가 생물의 형질을 물려준다는 사실이 알려졌지만, 그것은 간접적 실험을 거듭해서 얻은 결론이었다. 시대는 더 직접적인 증거를 원하고 있었다. 에이버리가 형질전환 실험을 반복하고 있을 무렵, 모건의 연구실에서는 초파리를 중심으로 한 실험뿐 아니라 미생물을 실험 재료로 한 연구도 시작했다. 그 중심이 된 사람 중 한 명이 막스 델브뤼크(Max Delbrück)였다.

델브뤼크는 원래 우주물리학을 공부했으며 1930년에 명문 괴팅겐대학에서 이론물리학(양자역학) 박사 학위를 취득했다. 그는 몇 년 정도 방사선 물리학이나 원자핵 물리학을 연구한 후 모건의 연구실로 왔다. 양자역학에서 유전학으로 옮겨오다니, 너무 분야가 다른 것 아닌가 하고 의아해하는 독자도 있을 것이다. 사실 당시에는 이론물리학자가 생물학을 연구하는 것이 유행이었다.

양자역학의 창시자 중 한 사람인 에르빈 슈뢰딩거(Erwin Schrödinger)의 유명한 저서 『생명이란 무엇인가』(1944년)가 대표하듯이 20세기 초반부터 중반에 걸쳐 시대적 분위기상 생물을 물리학적으로(특히 분자나 원자 레벨에서) 이해하려는 움직임이 있었다.

그 상징이 '분자생물학의 탄생'이다. 생화학이나 생물물리학을 모체로 박물학적인 접근이 주류였던 생물학에도 드디어 실험과 이론을 겸비한 연구 수법이 당연해진 것이다. 특히 유전학은 통계를 이용하기 때문에 이론(수학 모델)과 잘 어울렸던 이유도 있었다.

덧붙여 분자생물학이라는 말을 처음으로 사용한 사람은 당시 록펠러 재단의 자연과학 부문 책임자였던 수학자 워런 위버(Warren Weaver)다. 그는 기계 번역에 관한 아이디어로도 유명하다. 1937년에 위버가 추진한 록펠러 재단의 펠로십(돌려주지 않아도 되는 장학금)을 받은 델브뤼크는 모건의 연구실에서 분자생물학이라는 새로운 수법을 이용해 유전 현상을 연구하기 시작했다.

그의 실험 재료는 박테리오파지였다. 박테리오파지란 미생물

◆ 박테리오파지를 확대한 그림

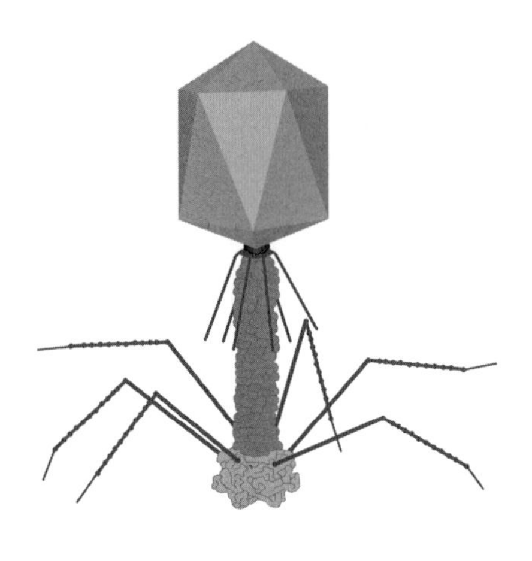

(박테리아)을 먹는 자(파지)라는 뜻으로, 단세포 생물을 감염하는 바이러스를 말한다. 바이러스는 다른 장에서 자세히 이야기했는데, 여기서는 간단히 다음과 같이 생각하면 된다.

바이러스는 혼자서는 아무것도 할 수 없다. 다른 세포(바이러스에 따라 정해져 있다)에 붙어 그 세포 안에서 자신을 대량으로 복제한다. 그리고 자신이 붙어 있는 세포를 파괴하여 밖으로 뿌린다(이 과정을 용균이라고 한다).

바이러스는 무척 단순한 구조로 되어 있는데, 핵산과 그것을 둘러싸는 캡슐 상태의 단백질만으로 이루어진다. 증식에 필요한 메커니즘은 자신이 붙은 세포 안에서 마음대로 이용한다. 당시에는 세포 배양 기술도 미숙했던 탓에 박테리오파지처럼 미생물에 붙는 바이러스가 다루기 더 쉬웠다.

델브뤼크의 시원시원한 진격

미국으로 건너간 초기에 델브뤼크는 다른 학자들처럼 초파리를 사용했지만, 생물 해석은 이론물리학자 출신인 그가 상상했던 것만큼 간단하지 않았다.

델브뤼크는 더 간단한 실험계를 원했다. 그의 구상에는 이른바 양자역학의 수소 원자나 전자와 같은 단순함이 필요했다. 그러던 중 대장균에 붙은 박테리오파지(이하 '파지')를 접했다. 배양 접시 한 면에 하얗게 퍼진 대장균 위에 적절히 희석한 파지 용액을 뿌렸더니 배양 그릇 군데군데 작은 구멍이 생겼다.

바로 파지가 감염한 대장균이 용균한 장소였다. 이를 '플라크'라고 한다. 플라크를 세면 대장균에 감염한 파지의 수를 추정할 수 있다. 대장균 배양은 간단하고 빠르며 파지에 따른 용균도 몇 시간 만에 확인할 수 있을 정도였다. 잘만 계획하면 하루에 두 번, 세 번도 실험할 수 있었다.

이렇듯 아주 간단하고 빠른 실험계를 사용하여 델브뤼크는 연달아 성과를 올렸다. 그는 물리학에서 배운 경험을 살려(통계나 분포가 특기였다) 파지의 성질을 해석했다.

그러나 제2차 세계대전이 일어나면서 델브뤼크는 귀국할 수 없게 되었다. 유일한 희망이었던 장학금도 끊겨서 친구에게 돈을 부탁할 정도로 생활은 궁핍하기 그지없었다. 겨우겨우 밴더빌트대학의 물리학 강사가 된 것은 앞을 내다보는 그의 눈을 높게 산 모건의 추천 덕분인 듯하다.

델브뤼크의 연구에 감명을 받고 결국 공동 연구자가 되어 함께 노벨상을 받기에 이른 사람이 살바도르 루리아(Salvador Luria)다. 그는 이탈리아 출신의 유대인으로 본명은 살바토레 루리아였다. 이름을 개명한 데는 이유가 있었다. 루리아 역시 전쟁에 농락당한 인물이었던 것이다.

루리아는 토리노대학 의학부를 졸업한 후 군의관으로 2년 동안 있었고, 로마대학에서 방사선 의학 수업을 담당하고 있었다. 물리에도 정통하여 의사로서는 드문 유형이었다. 그 덕분에 당시 로마대학의 물리학 교수였던 엔리코 페르미(Enrico Fermi)라는 지기를 얻었다. 페르미는 후에 형성된 맨해튼 계획의 중심 인물인데, 당시 루리아는 이 인연이 연구자로서의 자신의 생명을 구제하리라고는 상상도 못했을 것이다. 또한 이 시기에 그는 미래를 여는 열쇠도 손에 넣었다. 델브뤼크의 논문을 읽은 것이다. 마침 루리아도 생명 현상의 수수께끼를 푸는 데 단순한 실험계가 필요하다고 생각한 참이었다.

참고로 1938년에 노벨상을 받은 페르미는 스톡홀름에서 열린 수상식에 참석한 길에 미국으로 망명했다. 유대인인 아내가 무솔리니 정권으로부터 박해를 받았기 때문이다. 마찬가지로 루리아도 인종 차별로 연구직을 빼앗긴 탓에 페르미가 미국으로 건너갔을 무렵에 프랑스로 망명했다.

그러나 숨 돌릴 틈도 없이 나치 독일군이 프랑스를 침공했다. 루리아는 1940년에 목숨만 건져 미국에 다다랐다. 그리고 미국에 도착하자마자 미국식으로 이름을 바꿨다. 아마 이제 조국으로 돌아가지 않으리라는 결심을 했던 모양이다.

세계적으로 명성이 높은 페르미가 힘을 써준 덕분에 컬럼비아 대학의 급비 유학생이 된 루리아는 바로 델브뤼크에게 연락했다. 그해 겨울 필라델피아에서 열린 미국 물리학회에서 만난 델브뤼크와 루리아는 처음 만났다고는 생각할 수 없을 정도로 이야기가 잘 통해 공동 연구를 시작했다.

두 사람은 서로 왕래하기도 했지만, 이듬해인 1941년 여름부터 뉴욕 교외에 있는 콜드 스프링 하버연구소에서 같이 실험을 하기도 했다. 이들은 파지에 흥미가 있는 연구자들을 초청하면서 화제에 오르게 되었고, 어느새 두 사람의 파지 실험 연구회는 매년 열리는 '여름학교'라 불리게 되었다. 제2차 세계대전 후에는 이 여름학교를 중심으로 파지 그룹이라 불리는 연구자 동료들이 전 세계로 퍼졌다. 파지 그룹은 초기 분자생물학의 커다란 흐름이 되었다.

여기서 델브뤼크의 혜안이 등장한다. 파지 그룹이 실험에 사용하는 대장균이나 파지의 종류를 통일하여 각각 실험 데이터를 모아 비교할 수 있게 한 것이다. 지금은 실험 생물 규격화가 당연한 일이지만 당시에는 선구적인 시도였다. 그 결과, 전 세계의 실험 결과를 통합하여 연구를 진행할 수 있게 되었다.

연이어 연구 성과를 올린 델브뤼크는 캘리포니아 공과대학으로 자리를 옮겼고, 루리아도 미국에서 가장 역사 깊은 주립대학인 인디애나대학에 자리를 얻었다.

루리아에게 번뜩 떠오른 생각

두 사람의 공동 연구에서 가장 중요한 것은 대장균의 돌연변이 획득 연구다. 파지에 감염한 대장균은 용균을 하지만, 그중에서 내성(저항성)을 가지는 것이 나타났다. 파지에 내성을 가지는 균으로 변이하는 원인으로는 두 가지 설이 있었다.

하나는 대장균이 가지는 생리적 환경 응답(이때는 파지와의 접촉에 응답한다는 뜻), 다른 하나는 자연스럽게 나타나는 돌연변이였다. 대장균이 변이했다는 사실은 확인할 수 있었지만, 그것이 돌연변이인지 파지와의 접촉에 따른 변이인지는 구별할 수 없었다.

좋은 아이디어가 떠오르지 않았던 루리아가 기분 전환 삼아 친구와 파티에 갔는데, 사람들이 슬롯머신을 하며 떠들고 있었다. 루리아는 "어차피 당첨되지도 않을 것을……"이라며 냉정하게 반응했다. 친구는 "될지도 모르잖아!" 하며 의욕에 넘쳐 슬롯머신을 돌렸지만, 물론 코인은 줄어들기만 할 뿐이었다. 루리아는 "그거 보게" 하며 쓴웃음을 지었다. 그런데 그때 기적이 일어났다. 놀랍게도 친구가 잭팟을 터뜨렸던 것이다. 기적은 연달아 일어났다. 수많은 코인을 손에 넣고 의기양양한 친구의 모습을 보자, 루리아의 머릿속에서도 잭팟이 터졌다. 루리아는 "그 걸세, 알았네!" 하며 실내가 쩌렁쩌렁 울릴 만큼 큰 소리로 외쳤다. 드디어 대장균의 변이를 구분할 방법을 떠올린 것이다.

루리아의 생각을 간단히 설명하자면 이렇다. 만약 파지에 접촉함으로써 대장균이 내성균으로 변이한다면, 파지와 대장균을 섞는 농도나 배양 조건을 일정하게 맞췄을 때 항상 같은 비율로 내성균이 출현할 것이다. 그러나 돌연변이가 일어나 내성균으로 변이한다면 같은 조건에서 배양해도 내성균은 무작위로 출현할 것이다. 슬롯머신에서 잭팟이 터진 것처럼 말이다!

실제 데이터는 내성균의 출현이 무작위적이라는 사실을 나타내고 있었다. 그리고 1943년 델브뤼크는 루리아의 데이터에서 수학 모델을 세워 세계 최초로 돌연변이율을 계산했다. 물리학의 방법론으로 생명의 수수께끼를 해석한 두 사람의 발상이 승리한 것이다. 그 후 두 사람에 이어 많은 연구자가 약제 내성이나 X선을 사용하여 대장균의 돌연변이를 연구하기 시작했다. 이렇게 대장균과 파지는 유전학, 분자생물학의 모델 생물로 확립되었다.

루리아의 큰 업적 중 두 가지를 더 소개하겠다. 한 가지는 제한효소의 존재를 예언한 것, 다른 한 가지는 대장균에 붙은 파지의 전자현미경 사진을 촬영한 것이다. 제한효소란 DNA를 절단하는 효소를 말하는데, 유전자 재조합 기술에 없어서는 안 될 분자생물학의 필수 도구 중 하나다. 전자현미경은 1939년에 독일에서 개발되었다. 마침 루리아가 미국으로 건너간 시기에 상용기가 판매되었고, 1941년에는 미국에도 수입되었다.

그해 12월에 루리아가 의뢰하여 실제로 대장균과 파지를 촬영한 사람은 토머스 앤더슨(Thomas Anderson)이었다. 이 전자현미경 사진은 DNA가 바로 유전자라는 결정적인 증거를 잡기 위한 중요한 단서가 되었다.

그 증거를 잡은 사람은 이 장의 세 번째 주인공인 앨프리드 허시(Alfred Hershey)다. 그는 델브뤼크와 루리아가 손을 잡은 초창기인 1940년부터 함께 대장균과 파지를 사용하여 연구를 시작했다. 몇 가지 업적을 올렸지만, 그중에서도 허시의 이름을 드높여준 연구가 있다. DNA가 생명의 형질을 물려주는 유전자의 본체라는 사실을 직접적으로 제시한, 이른바 허시와 체이스의 실험이다.

1950년부터 콜드 스프링 하버연구소(앞서 나온 여름학교가 열리는 장소)에 부임한 허시는 파지의 전자현미경 사진이 궁금했다. 루리아가 의뢰하여 대장균을 촬영한 앤더슨은 허시의 친구이기도 했다. 허시가 사진 몇 장을 자세히 살펴보니, 파지는 정십이면체에 머리 아래로 가느다란 깃이 달려 있고, 깃 끝에 스파이크라 불리는 꼬리가 달린 구조로 이루어져 있었다.

파지는 아마 스파이크로 대장균 표면에 달라붙어 깃을 대장균 세포막에 밀어붙이는 듯했다. 대장균 표면에는 망가진 잔해와 같은 파지도 찍혀 있었다.

허시는 '어쩌면 파지는 깃을 통해 머리의 내용물만을 대장균 안쪽으로 보내서 용균하는 것이 아닐까?' 하고 상상했다. 실제로 나중에 깃의 끝 쪽에서 세포막에 구멍을 뚫는 효소가 발견되었다.

그렇다면 파지를 복제하는 데 필요한 것은 파지의 머릿속에 들어 있는 '그 무엇'뿐이다.

파지를 화학적으로 분석하면 핵산(이때는 DNA)과 단백질로 만들어졌다. 파지에서 대장균 안으로 보내 파지 자신을 복제하는 데 필요한 그 무엇은 DNA와 단백질 중 어느 것일까? 혹은 둘 다 일지도 모르지만 그것을 확인하려면 파지의 DNA와 단백질에 라벨을 붙여 구분할 필요가 있었다.

그래서 허시는 당시 최신 기술인 방사성 동위원소를 트레이서(추적자)로 사용했다. 방사성 동위원소란, 간단히 말하자면 보통 원소보다 중성자 수가 많은 원소를 뜻한다. 중성자가 많은 원소 중 일부는 원자핵이 불안정하므로 붕괴하여 방사선이나 열 등의 에너지를 낸다. 이른바 원자력 발전의 구조다. 기본적으로 동위원소란 생물 안에서는 똑같이 움직인다. 따라서 약간의 방사성 동위원소와 생체 분자에 포함된 원자의 자리를 바꾸면 미량의 방사선을 적절히 검출함으로써 생체 분자의 생체 내 거처를 알 수 있다.

허시는 DNA에 포함되지만 단백질에는 포함되지 않는 원소인 인(P) 그리고 반대로 단백질에 포함되지만 DNA에는 포함되지 않는 유황(S)을 라벨로 쓸 것을 생각해냈다. 실제로는 인산이 결합된 단백질(우유의 카제인이나 달걀노른자의 단백질이 유명하다)도 있으므로 이 실험의 경우는 파지의 단백질에 인이 포함되지 않았다고 보는 것이 더 정확하다.

허시는 당시 자신이 지도하던 대학원생 마사 콜스 체이스(Martha Cowles Chase)를 조수로 실험을 시작했다. 이것이 '허시와 체이스의 실험'이라고 불리는 까닭이다. 인의 동위원소 ^{32}P와 유황의 동위원소 ^{35}S는 배양액에 넣기만 해도 의외로 간단히 파지에 들어갔다.

그러나 험난한 길이 기다리고 있었다. 감염시킨 대장균 표면에서 라벨을 붙인 파지를 제대로 벗겨내는 방법을 알 수 없었던 것이다. 파지가 표면에 붙은 상태로는 트레이서가 대장균에 들어갔는지 파지에 남았는지 구별할 수 없었다. 미생물인 대장균의 표면은 아주 작은 세계인 탓에 손으로는 절대 벗겨낼 수 없었다. 그래도 배양액 안에서 생기는 일이니 휙휙 잘 뒤섞으면 어떻게든 벗길 수 있으리라 생각했다.

가정용 믹서가 연구소의 보물?!

세계 최초의 실험이었으므로 전용 기구는 없었다. 허시와 체이스는 다양한 방법을 시도했다. 너무 강하게 섞으면 대장균까지 부서진다. 그렇다고 해서 용기를 손으로 휘젓는 정도로는 벗겨지지 않는다. 손으로 더듬어가는 시행착오의 연속이었다. 이럴 때

창의력을 궁리하는 것이 연구에 있어 어려운 부분이자 재미있는 부분이다.

막혀 있던 벽을 깨뜨린 것은 여성 동료가 가볍게 던진 "가정용 믹서는?"이라는 한마디였다. 눈에 보이는 실험 기구라면 모조리 시험해봤던 두 사람은 지푸라기라도 잡는 심정이었을 것이다. 그런데 믹서를 사용했더니 대장균과 파지가 놀라울 정도로 잘 분리되었다.

이때 사용한 웨어링의 가정용 믹서는 콜드 스프링 하버연구소의 보물로 지금도 보관되어 있다나? 사실 이 실험을 '블렌더 실험'이라고 부르는 이유는 우리가 흔히 부르는 믹서가 영어로 블렌더이기 때문이다.

분리에 성공한 대장균과 파지를 각각 분석했더니 파지의 DNA만이 대장균 안에 들어가고 단백질은 들어가지 않았다. 파지의 복제에 사용되는 정보는 DNA뿐이었던 것이다. 이 실험은 생물의 형질이 DNA로 결정된다는 것, 즉 유전자가 DNA로 만들어진다는 사실을 직접적으로 증명한 셈이다. 더 자세히 말하자면, 단백질 등으로 만들어진 생물의 형태는 DNA 정보에서 만들어지는 것이다.

델브뤼크에서 시작하여 루리아의 참여로 크게 발전한 분자생물학은 허시가 '유전자는 DNA로 만들어졌다'는 사실을 발견하기에 이르렀다. 이 세 사람의 업적에 1969년 노벨상이 주어진 것은 당연한 일이었다. 시대의 저울은 DNA로 기울기 시작했다.

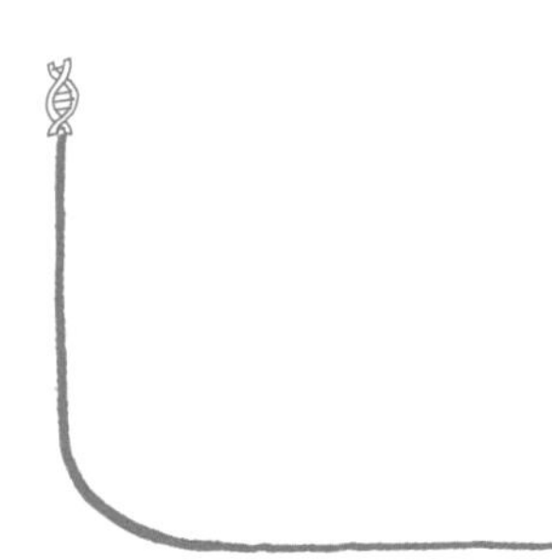

이중나선이 발견되다!

왓슨과 크릭의 운명적 만남

생물학의 역사에서 중요한 발견을 꼽을 때 DNA의 이중나선 구조는 절대 빼놓을 수 없을 것이다. 발견이나 발명에는 드라마가 반드시 따라오는데, DNA의 이중나선 구조도 예외는 아니었다.

인간관계도 복잡하게 얽혀 있어서 노벨상을 받은 당사자나 관계자가 많은 책을 출판했다. 이 장에서는 DNA의 이중나선 구조가 정해지기까지의 드라마 일부와 이중나선 구조의 생물학적 의미에 관해 이야기하겠다.

분자생물학은 생화학이나 생물물리학을 배경으로 탄생했고,

물리학자들을 중심으로 발전했다. 그리고 20세기 중반에 접어들 무렵 분자생물학자들은 유전 현상을 설명하는 중요한 물질로 DNA에 주목하기 시작했다. 215쪽에서 소개한 슈뢰딩거의 『생명이란 무엇인가』도 물리나 화학 법칙으로 생물을 이해하고자 하는 생각을 뒷받침했다.

이 책에서 절찬받은 델브뤼크의 파지 그룹을 알고 인디애나대학의 율리아 연구실을 찾아온 사람이 제임스 왓슨이다. 바로 DNA의 분자 구조를 결정한 두 사람 중 한 사람이다. 왓슨은 율리아가 지도한 제1기 학생이었다. 그는 스물두 살의 젊은 나이로 1950년에 박사 학위를 땄고, 그 후 유럽을 거쳐 영국에 이르러 케임브리지대학의 캐번디시연구소에 들어갔다.

여기서 운명적 만남이 있었다. DNA의 분자 구조를 정한 또 다른 한 사람, 프랜시스 크릭이 있었던 것이다. 왓슨은 생물계 특히 파지 유전학을 중심으로 공부했고, 크릭은 이론물리학자 출신으로 전쟁이 끝난 후 생물학으로 전향한 상태였다.

둘은 『생명이란 무엇인가』에 좋은 영향을 받은 사람들이기도 했다. 두 사람은 야심으로 가득 차 있었지만, 당시에는 아직 아무것도 아니었다. 고작 몇 년 후에 세계를 뒤흔들게 되리라고는 자신들도 예측하지 못했을 것이다. 왓슨은 미국에 있던 무렵부터 머릿속에 DNA 생각뿐이었다고 하는데, 크릭을 포함한 캐번디시연구소는 그렇지 않았던 모양이다. 중요하다고 인식은 했다지만, 그 최대 이유는 이 드라마의 세 번째 주인공인 모리스 윌킨스(Maurice Wilkins)에 있었다. 참고로 윌킨스도 왓슨, 크릭과 더불어 노벨상을 받았다.

무뚝뚝함 때문에 어긋난 윌킨스의 운명

사실 영국 내에서 DNA 구조 해석의 권위자는 런던 킹스칼리지에 있는 윌킨스였다. 다른 사람이 쉽사리 같은 연구에 참여할 수 있는 분위기는 아니었다고 한다.

캐번디시연구소에서 왓슨의 주위에서는 단백질의 구조 해석이 중심 과제였다. 생명 현상을 이해하려면 단백질 연구를 빼뜨릴 수 없다. 오히려 당시에는 DNA가 단백질의 보좌 역할을 한다고 생각하는 연구자가 많았다. 아무튼 생체 분자 구조는 그 기능에 크게 관계한다는 것이 연구자들의 공통된 인식이었다. 또한 분자 구조를 정하는 필수 기술은 X선 회절을 사용한 분자 구조의 해석이었다. 여기서 X선 회절 실험에 관해 간략하게 설명하겠다.

X선(감마선)으로 뢴트겐 사진을 찍으면 몸이 비쳐서 골격이나 내장 일부가 보인다는 사실은 독자 여러분도 알 것이다.

그 이유는 X선의 파장이 가시광보다 짧은 데 있다. 분자의 틈새를 통과할 정도로 파장이 짧기 때문에 비쳐 보이는 것이다. 덧붙이자면 가시광은 분자와 부딪쳐 흡수되거나 흩어지거나 반사된다. 뢴트겐 사진에는 몸이 투명하게 보이지만, 내부 형태는 찍힌다.

X선도 무거운 원자에는 튕겨져 나오기 때문이다. X선이 똑바로 통과하면 투명하게 보이지만, 뼈처럼 금속(칼슘)이 많이 포함된 장기는 튕겨져 X선의 궤도가 빗나가 그림자가 된다. 말하자면 뢴트겐 사진은 X선을 사용한 그림자 그림이다(병원에서는 흑백을 반전시킨다). 실제로는 조직에 포함된 원자의 차이로 X선이 튕기는 정도, 즉 얼마나 투명한지가 달라진다.

이 원리를 응용하여 물질의 구조를 탐구하는 기술이 X선 회절이다. 뢴트겐 사진은 대충 큰 물체를 촬영한 것이지만, 원리로 따지면 원자의 전자 밀도에 따라 X선의 궤도가 휘어질 수 있다는 사실을 이용한 것이다.

즉 분자처럼 작은 영역을 생각했을 때 X선이 어떤 식으로 흩어지는지 촬영하면, 분자를 만드는 원자의 배치를 예측할 수 있다. 더 정확히 말하면, 원자와 원자의 틈새로 X선이 통과했을 때 회절한 X선의 간섭 모양(구점)을 촬영할 수 있다. 만약 결정(結晶) 구조가 규칙적이라면 구점의 패턴도 규칙적이다.

구점의 규칙적인 패턴을 거꾸로 계산하면 원자의 입체적인 배치(분자 구조)를 재현할 수 있다는 것이다. 20세기 이후에는 이 기술이 왕성하게 이용되었다. 그리고 제2차 세계대전 전후로 연구 대상이 무기물에서 유기물, 생체 분자(특히 단백질)로 옮겨갔다.

여기서 이야기를 1950년 영국으로 옮겨보자. 런던대학의 윌킨스는 X선 회절로 DNA의 구조를 해명하려고 했다. 그러나 X선 회절 실험이 어려운 탓에 실험은 난항을 겪었다. 왓슨이 캐번디시 연구소가 아니라 윌킨스에게 갔으면 좋았을 텐데, 그 전에 이탈리아 로마에서 열린 학회에서 만난 윌킨스의 인상이 나빠 포기했다.

사실 윌킨스도 물리학자 출신이었다. 전쟁 중에는 맨해튼 프로젝트에 참가하여 핵폭탄을 연구했고, 전쟁이 끝난 후에는 생물학으로 연구 대상을 바꿨다. 윌킨스 또한『생명이란 무엇인가』에 마음이 움직인 사람이기도 했다. 광학에 정통한 윌킨스는 살아 있는 동식물의 세포 안에서 DNA를 관찰하는 프로젝트를 이어받았고, 그와 관련하여 DNA 구조를 X선 회절로 결정하는 실험에도 몰두하고 있었다.

윌킨스는 생물물리학적 관점에서 DNA에 흥미가 있었는데, 왓슨처럼 파지 연구로 대표되는 유전학적 이야기는 자세히 알지 못했다. 다시 말해 왓슨을 무시한 것은 아니었다. 자신의 관심사와는 다른 이야기를 마구 뿜어내는 신출내기 연구자에게 무뚝뚝하게 반응했던 것이다. 낙담한 왓슨은 런던대학을 제외하고 생체 분자나 X선 회절을 배울 수 있을 만한 곳으로 케임브리지대학을 선택했다. 그러나 거기서 크릭을 만났으니 운명이란 참 알 수 없는 것이다.

오해받은 여성 연구자

DNA의 이중나선 구조 발견으로 노벨상을 수상한 세 사람이 모두 등장했으니, 네 번째 주인공을 소개하겠다. 이 장의 홍일점이며 주요 인물이기도 한 로잘린드 프랭클린(Rosalind Elsie Franklin)이다.

서른일곱 살이라는 젊은 나이에 생을 마감한 프랭클린에게는 오해와 편견이 늘 따라다녔다. 특히 그녀가 세상을 떠난 후 왓슨의 저서 『이중나선』(1968년) 때문에 편견은 더욱 심해졌다. 21세기가 되어 자세한 전기가 출간되면서 그녀에 대한 잘못된 이미지는 말끔히 떨친 듯하지만, 먼저 이야기를 계속하겠다.

영국 출생의 유대인인 프랭클린은 1950년에 프랑스 유학을 하다가 윌킨스가 있는 런던대학에 왔다. 윌킨스보다 고위직인 존 랜들(John Randall)에게 초빙받은 것인데, 사실 사건의 발단부터 문제의 씨앗이 있었다.

랜들도 전쟁이 끝난 후 물리학에서 생물학으로 전향한 연구자였다. 그는 연구 프로젝트를 세우는 재능이 있고 국가로부터 예산을 받아오는 데 능했다. 그런데 연구실 운영에는 그다지 공평한 사람이라고 할 수 없었다. 어떤 의미로는 정치적인 면이 있었다. 거짓말은 하지 않지만 정보를 한 손에 쥐고 마음대로 부하를 부리려고 한 것이다.

결벽이 있던 윌킨스는 연구할 때는 랜들의 오른팔일지언정 그를 좋아하지는 않았다. 더욱이 랜들은 조직 운영은 빈틈없이 하면서도 가능하면 자신도 실험에 참가하고 싶어 했다. 바빠서 도저히 시간을 낼 수 없었지만 말이다. 이러한 상황에서 랜들은 마음대로 부리지 못하는 윌킨스를 대신해 프랭클린을 고용했다. 자신이 흥미를 느끼는 연구에 직접 참여하기 위해서였다. 그 연구는 X선 회절에 따른 DNA 분자의 구조 해석이었다. 물론 윌킨스가 담당하던 연구 중 하나였다.

랜들은 윌킨스에게는 "DNA 분자의 구조 결정을 위해 X선 회절 전문가를 고용했다"고 전달하고, 프랭클린에게는 "자네가 DNA 분자의 구조 결정을 전속으로 맡아주길 바란다. 원래 담당하던 윌킨스에게는 다른 일도 있으니 문제없다"고 이야기했다.

'다크 레이디' 프랭클린의 진짜 얼굴

프랭클린이 런던대학으로 부임한 직후 열린 연구 회의에 윌킨스는 휴가 때문에 참석하지 못했다. 프랭클린이 상사의 지시에 따르는 성격이 아니라, 남들보다 훨씬 강한 자존심과 그에 걸맞은 뛰어난 능력을 지닌 연구자였던 사실은 랜들이 미처 생각하지 못한 부분이었다. 프랑스 유학 중에 탄소 분자의 구조 해석으로 이름을 알린 프랭클린은 X선 회절에 따른 결정 구조 해석의 전문가였다. 말하자면 랜들의 의도는 완전히 빗나갔고, 나중에 화근을 남겼을 뿐이었다.

우려한 대로 윌킨스는 휴가를 마치고 돌아오자 프랭클린과 큰 싸움을 벌였다. 윌킨스 입장에서는 자신의 부하가 생긴 줄 알았는데, 프랭클린 입장에서는 자신이 독립적인 프로젝트의 리더였다.

프랭클린의 불행은 시대 탓이기도 했다. 당시는 여성의 자립을 편견으로 바라보는 데다 여성 연구자가 아주 드물었다. 연구자로 자립하고자 어깨에 힘을 주던 프랭클린이 자신이 맡은 연구 주제에 간섭하거나 깔보듯 하는 남성 연구자들에게 필요 이상으로 감정적인 대응을 하더라도 무리는 아니었다. 큰 싸움이라고는 했지만, 그 안에는 태도가 고압적인 프랭클린과 영문도 모른 채 자신의 연구를 빼앗겨 어안이 벙벙한 윌킨스의 모습이 있었다.

프랭클린 입장에서는 그저 필사적으로 자신의 연구를 지켰을

뿐일 테지만, 왓슨의 저서 『이중나선』에서는 남성의 시각에 치우쳐 당시 상황을 우스꽝스럽게 묘사한 탓에 프랭클린에 관해 '프랭클린은 폐쇄적이고 시야가 좁으며 데이터를 쌓아두기만 하다가 이중나선을 놓친 다크 레이디(암울한 여성)'라는 무례한 인상이 세간에 퍼졌다.

결국 랜들도 감싸주지 않았던 탓에 프랭클린은 약 2년 만에 연구실을 떠나게 되었다. 그러나 그 사이에 얻은 주옥 같은 데이터가 DNA의 이중나선 구조를 명확하게 했다. 특히 후에 51번이라 불리는 DNA의 X선 사진이 결정적이었다.

나중에 공개된 프랭클린의 실험 노트를 본 크릭의 말을 빌리자면, 당시 그녀는 정답 바로 두 걸음 앞까지 접근했다고 한다. 그리고 프랭클린이라면 그 두 걸음은 3개월 이내에 끝냈을 것이라고 한다.

사실 프랭클린은 DNA 분자의 결정이 수분 함유량 차이 때문에 A형(건조)과 B형(습윤)이라는 두 종류의 구조적 차이가 있다는 사실을 발견한 상태였다. B형 DNA가 이중나선 구조를 하고 있다는 사실은 프랭클린도 인정했다.

그것은 후에 51번이라 불리는, 그녀가 찍은 X선 사진에서도 명확했다. 한편 A형 DNA는 물 분자가 적은 만큼 원자가 촘촘하게 차 있어 X선의 산란이 복잡해지는 바람에 해석을 곤란하게 만들었다. 이중이 아니라 삼중에서 사중나선 혹은 나선 구조조차 없을 가능성도 있었다(프랭클린은 나선이 없어질 가능성을 의심하고 있었다).

물론 세포 안은 물로 잠겨 있었기 때문에 생물학적으로 의미가 있는 것은 B형뿐이지만, 당시에는 아무것도 밝혀지지 않았다. 가열에 따른 탄소 분자의 결정학적 차이(비유하자면 연필심과 다이아몬드와 같은 차이)를 X선 회절에서 발견한 프랭클린이 DNA 분자의 결정 차이에 주목했던 것도 당연한 일이었다. 그녀는 순수한 생물학자가 아니라 결정 구조 해석의 전문가였기 때문이다.

예상컨대 프랭클린이 연구실을 나가기로 정한 이유는 고립되었기 때문만은 아니었을 것이다. 그녀의 연구 노트를 누군가 훔쳐봤던 모양이다. 프랭클린을 마음대로 부릴 수 없다고 깨달은 시점에서 랜들은 더 이상 도움을 주지 않았고, 윌킨스 또한 일부라고는 해도 일을 빼앗긴 상태에서 프랭클린에게 다가가지 않았다.

연구 설비를 자유롭게 사용할 수 있어도 자신의 연구 데이터를 훔쳐보는 자까지 있다는 것은 최악의 환경이다. 그것이 지나친 걱정이라 할지라도 정신 위생상 좋지 않았을 것이다. A형 DNA의 구조 결정을 남긴다는 것은 바라던 바가 아니었지만, 프랭클린은 B형 DNA에 관한 데이터 전부를 랜들에게 보고하고 연구실을 떠나기로 결심했다.

이중나선의 실마리, 51번 X선 사진

문제는 이제부터다. 정작 왓슨과 크릭은 이때 철사와 공을 조합하여 분자 모형을 만드느라 애쓰고 있었다. 둘은 그때까지 밝혀진 다양한 가설과 직관을 바탕으로 DNA 분자 중에서 원자가 취할 수 있는 배치를 물리화학적으로 추정하려고 했다.

바탕이 되는 가설이 틀렸다면 당연히 나오는 결과도 틀린다. 실제로 두 사람이 공개한 초기 모형은 초보적인 실수 때문에 다른 연구자에게 비웃음을 샀다. 그러나 프랭클린의 방법으로는 실험 데이터가 갖춰질 때까지 결론을 내리지 못한다.

'어느 쪽이 좋다'라기보다는 방법론의 차이일 뿐, 일반적으로 한 사람의 연구에도 두 가지 진행 방법이 섞이기 마련이다. 그러나 왓슨과 크릭의 경우에는 그들이 사용한 힌트에 타인의 비공개 데이터가 포함되어 있다는 사실이 윤리적인 문제가 되었다.

DNA의 이중나선 구조를 분자 모형으로 만들기 위한 힌트는 샤가프의 법칙(핵산 염기인 A와 T, G와 C가 항상 같은 수)과 카스페르손의 발견(DNA는 '핵산 염기+인산+데옥시리보스'를 단위로 한 고분자 화합물)만으로는 부족했다. 프랭클린이 촬영한 51번이라 불린 B형 DNA의 X선 사진, 그리고 그것을 분석한 수치 데이터가 반드시 필요했다.

51번 X선 사진은 윌킨스가 왓슨에게 보여줬다. 사진을 건네주지는 않았지만 너무나도 아름다운 그 패턴은 이중나선 구조 그 자체였다. 윌킨스는 프랭클린의 동의를 얻어 51번 X선 사진을 갖고 있었다.

51번 X선 사진은 연구소를 떠나기로 되어 있었던 그녀에게 인수받은 자료 중 하나로, 그녀가 지도했던 대학원생을 통해 받았던 것이었다. 아무리 친구라고는 해도 자신이 얻어낸 데이터도 아닌데 라이벌에게 쉽게 보여준 것은 경솔한 짓이었다.

그러나 역시 이중나선이라는 것만으로는 분자 모형을 정할 수 없다. 프랭클린의 수치 데이터는 랜들 연구실의 연차 중간 보고서에 기재되어 있었다. 물론 중간 보고서가 극비는 아니었지만, 보통 논문이나 학회에서 발표하지 않는 데이터를 포함하므로 기관 내에서 비밀로 했어야 한다. 크릭의 상사는 기관 예산을 할당하는 권한이 있어 랜들 연구실의 연차 중간 보고서를 열람했던 것이다.

그렇게 프랭클린의 데이터는 상사를 통해 크릭의 손에 넘어갔다. 왓슨이 본 51번 X선 사진과 크릭이 손에 넣은 수치 데이터라는 프랭클린의 실험 결과를 토대로 두 사람은 모형을 조립했다. 두 사람의 명예를 위해 덧붙이자면, 오리지널 아이디어도 중요했다. 두 사람이 힌트에서 얻어낸 대답은 다음 세 가지였다.

먼저 DNA는 사다리를 비튼 듯한 이중나선 구조라는 사실(51번

X선 사진). 다음으로 나선 구조를 만드는 사슬은 데옥시리보스와 인산이 교대로 길게 연결되어 있고(카스페르손의 발견), 분자 모양으로 3' 끝과 5' 끝의 차이에서 오는 방향성이 있으며 사슬 2개의 방향은 서로 다르게 되어 있다는 것(프랭클린의 수치 데이터에서 알게 된 독창적인 사실. 두 개의 화살표라면 ⇄ 처럼 되어 있다).

그리고 핵산 염기는 나선 구조 안쪽으로 솟아 있는데, A와 T 혹은 G와 C가 가역적(아무런 영향을 주지 않고 원래 상태로 되돌아갈 수 있는 것-옮긴이)으로 결합하여 두 개의 사슬을 사다리처럼 연결한다는 것(샤가프의 법칙에서 얻은 두 사람의 독창적인 생각으로 염기대라고 부른다)이다.

그 밖에 나선 구조의 속도나 분자 사이의 거리 등은 프랭클린의 수치 데이터를 참조한 것으로 보인다. 단, 크릭은 X선 회절 패턴에서 나선 구조를 역산할 수 있는 수식을 고안하여 논문을 냈기 때문에 자신들의 모델이 타당하다는 것을 검증할 수 있었던 듯하다.

이 분자 모형에서 가장 우수한 점은 DNA의 복제를 설명할 수 있다는 점이다. 즉 지퍼를 여는 것처럼 A와 T 및 G와 C 사이에서 두 개의 사슬을 하나씩 나누는 것이다. A와 T 및 G와 C가 반드시(혹은 가역적으로) 결합한다면, 하나씩 나눈 두 개의 사슬에서 두 개의 나선 구조를 복원할 수 있게 된다.

실제로 그 가설은 딱 들어맞았다. 요컨대 생물의 형질을 물려주는 유전자의 본체인 DNA는 잘 짜인 구조로, 복제가 가능한 분자다. 바꿔 말하면 DNA야말로 유전 현상을 설명할 수 있는 물질이며 생명이 물질에서 만들어졌다는 사실을 이해하기 위한 분자였다. 이 DNA의 생물학적 의미를 밝혀냄으로써 그들은 1962년에 노벨상을 받았다.

왓슨과 크릭은 이러한 내용을 서둘러 논문으로 정리했고, 지금도 권위 있는 과학 잡지 『네이처』에 단보(短報, 속보로서 가치 있는 내용을 포함한 미발표된 짧은 논문-옮긴이)로 투고하기로 했다. 이들은 양심에 찔렸는지 투고하기 전 윌킨스에게 보고하여 논문에 이름을 같이 올리지 않겠느냐고 제안했다.

이중나선과 랜들의 분노

그러나 윌킨스는 거절했다. 그 대신 자신들도 DNA 구조에 대해 다른 형태로 논문을 쓸 테니 『네이처』에 동시 게재할 수 있도록 시간을 달라고 요청했다. 이때 윌킨스에게 프랭클린과 그녀의 학생이 논문을 완성했다는 연락이 왔다. 바로 B형 DNA의 X선 사진 51번을 게재한 단보였다.

분노에 가득 찬 사람은 랜들이었다. 두 애송이가 신사협정을 깨고 DNA 연구의 명예를 훔쳤기 때문이다. 랜들은 그들이 게재 전에 자신들의 연구실에 미리 DNA 연구를 보고하지 않았다는 것에 영국에서 가장 큰 생물물리학 연구소의 창설자로서 체면이 서지 않았다. 랜들은 『네이처』 편집부에 있는 지인에게 자초지종을 설명하여 윌킨스와 프랭클린의 논문 두 편, 그리고 왓슨과 크릭의 논문, 이렇게 세 논문을 한 잡지에 나란히 게재하기로 했다. 지금도 주제가 같은 연구가 동시에 투고되었을 때 지면이 비슷하게 구성되는 일이 있으니 이러한 게재 자체는 특별한 것이 아니었다.

게재 순서는 왓슨과 크릭이 첫 번째로, 먼저 DNA 이중나선 구조의 이론적 모델을 제안했다. 이어지는 논문에서 윌킨스가 생물 일반에 DNA 이중나선 구조가 공통될 가능성을 나타냈고(프랭클린과는 다른 X선 회절 사진을 게재했다), 세 번째 논문으로 프랭클린이 B형 DNA의 이중나선 구조를 제시했다(바로 그 51번 사진을 게재했다).

동시 게재를 하기 전 삼자 간에 문장 조정이 있었던 듯하다. 발견에 대한 공헌의 크기로 따지면 프랭클린이 첫 번째였지만, 왓슨과 크릭의 논문 끝부분에는 윌킨스와 프랭클린의 비공개 데이터를 참고했다고 에둘러 적혀 있을 뿐 사례의 말은 없었다. 왓슨과 크릭은 나중에 프랭클린의 비공개 데이터가 없었다면 모델을 세우지 못했을 것이라는 사실은 인정했다고 한다.

◆ DNA의 이중나선 구조도

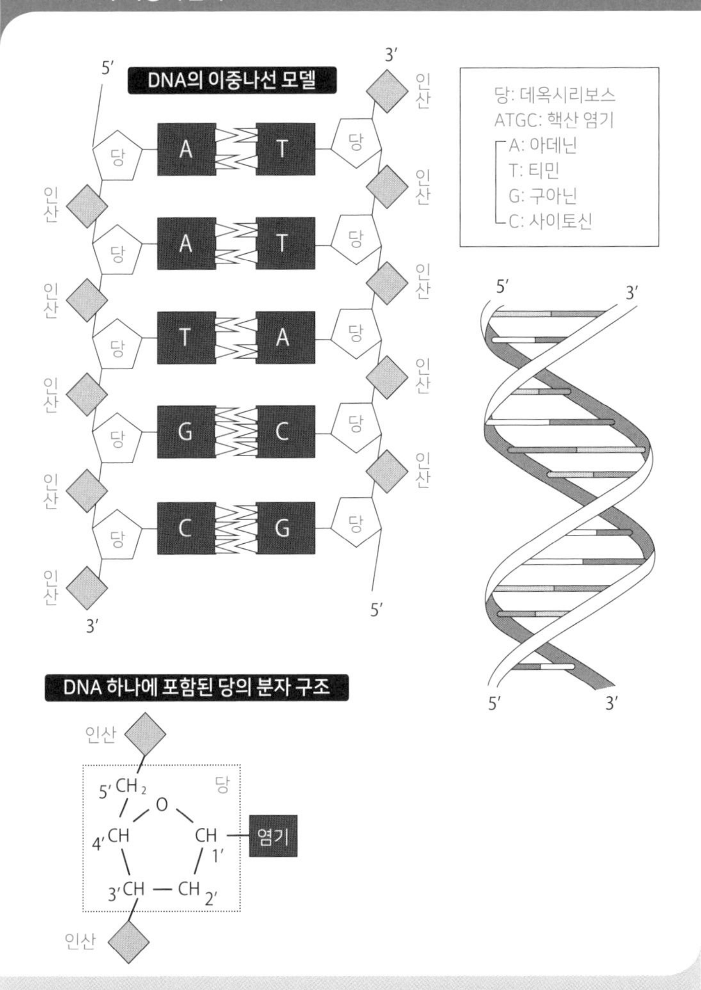

DNA의 당은 5개의 탄소(C)와 1개의 산소(O)의 환상 구조다(점선 테두리 안). 염기가 붙은 탄소를 1′로 하고, 시계 방향으로 탄소의 위치를 정했다. DNA 사슬은 3′와 5′의 탄소에 인산을 결합하여 길게 연결한다.

한편 세 번째로 게재된 프랭클린의 논문에는 자신들의 실험 데이터는 바로 앞에 게재된 왓슨과 크릭의 아이디어와 모순되지 않는다는 글이 덧붙여졌다. 프랭클린의 데이터를 바탕으로 한 모델이므로 당연하지만, 마치 왓슨과 크릭의 아이디어가 그녀의 데이터보다 먼저 있었다는 듯한 인상을 준다. 주변 사람들은 프랭클린이 자신의 실험 데이터가 허가 없이 사용되었다는 사실을 눈치채고 있었다고 생각했다(크릭도 그렇게 생각했다).

그러나 프랭클린과 함께 논문을 쓴 학생은 이 일에 대해 그녀가 불평하는 말을 들은 적이 없던 모양이다. 랜들은 어떤 사정이 있었는지 대략 파악했던 모양이지만, 프랭클린을 감싸는 모습은 전혀 보이지 않았다. 오히려 논문을 게재하기 일주일 전에는 '연구실을 나갔으니 앞으로는 핵산 연구를 그만두고, 우리 학생의 논문 지도도 하지 말게'라는 편지를 프랭클린에게 보냈다.

새로운 환경(같은 런던대학의 버크벡대학)으로 옮기게 되면서 정신적으로 편해진 것일까? 프랭클린은 랜들의 편지에 코웃음을 치며 RNA 바이러스 연구로 선구적인 성과를 계속 올렸고, 함께 실험하던 대학원생의 논문 지도까지 하면서 공저 논문을 두 편이나 발표했다.

결국 노벨상을 받지 못한 프랭클린

원래 프랭클린의 성격은 암울하기는커녕 밝고 활동적이며 연구와 비슷한 정도로 스포츠와 여행을 아주 좋아했다. 요리도 잘해서 손님 대접도 수준급이었으며 멋 부리기도 즐기는 여성이었다.

그러나 병마가 프랭클린을 덮쳤다. 난소 종양이었다. 여담이지만, 그녀가 요절한 원인이 실험에 따른 X선 피폭이라는 이야기도 있다. 그러나 난소 종양 중에는 약년성(35세 이하)에 발병하는 유형도 알려져 있다. 전혀 영향이 없었느냐고 묻는다면 단언할 수 없지만, 역학적으로는 방사선 피폭과 난소 종양의 관련성은 알려져 있지 않다.

실제로 1950년대에 프랭클린보다 X선에 많이 노출되며 실험했던 연구자도 당연히 있었는데, 연구자들 사이에서 특별한 건강 문제는 나타나지 않았다. 당시에도 안전에 대한 지침은 있었지만, 건강 문제에 대한 걱정보다 오히려 연구자들은 자신의 연구에 제동을 걸 것이라고 쉽게 생각했다.

프랭클린이 세상을 뜨고 4년 후인 1962년에 왓슨과 크릭, 윌킨스에게 노벨상이 수여되었다. 역사에 '만약'이란 의미가 없지만, 프랭클린이 살아 있었다면 수상자 세 사람 중 한 명과 바뀌었으리라고 생각하는 사람도 적지 않다.

그녀의 실력이라면 그 후 바이러스 연구에서도 충분히 노벨상을 받았을 것이다. 참고로 프랭클린과 함께 담배 모자이크 바이러스의 구조를 해명한 에런 클루그(Aaron Klug)는 1982년에 노벨상을 받았다. 휴먼 드라마의 과정은 둘째 치고, 생명의 열쇠를 쥔 분자로서 DNA가 단번에 생물학의 주류로 등장했다.

유전암호와 크릭의 실수

DNA와 단백질

DNA가 생물의 형질을 물려주는 물질, 즉 유전자의 본체라는 사실을 알게 되니 두 가지 의문이 생겼다. 'DNA가 기록하는 형질이란 무엇인가?'와 'DNA는 어떻게 형질을 기록할까?'라는 점이다.

대체 유전자에는 무엇이 기록되어 있을까? 정답은 단백질을 만드는 법이다. 단백질은 생물의 형태를 만들고 생명을 기능하게 만드는 중요한 분자다. 특히 촉매로서 화학반응을 제어하는 단백질을 효소라고 한다. 생명 활동이란 화학반응이라고 해도 과언이 아니다. 생명 활동에 필요한 효소의 수는 밝혀진 것만 해도 수천 가지에 이른다. 그와 같은 효소가 유전자에 기록되어 있다는 뜻이다.

덧붙이자면, 단백질은 아미노산이 일렬로 늘어선 기다란 끈이다. 단백질 끈은 접히면서 여러 가지 모양이 된다. 그 모양이 단백질의 기능을 정한다. 화학물질로서의 아미노산은 무수히 많지만, 생물이 이용하는 아미노산은 20종류다. 고작 아미노산 20종류가 모든 생물의 단백질을 만드는 원천이라고 생각하니 참 신기하다.

단백질 구조는 아미노산의 배열로 정해지므로 아미노산을 연결하는 순서야말로 단백질의 설계도다. 곧 DNA에는 '아미노산의 배열'이 기록되어 있어야 한다. 아미노산이 20종류인 데 비해 DNA를 구성하는 핵산 염기는 아데닌(A), 티민(T), 구아닌(G), 사이토닌(C)으로 4종류뿐이다. 대체 어떻게 기록되어 있을까?

가모프의 아이디어

"그것은 수학적으로 정해져 있다!" 이렇게 호언장담한 사람은 조지 가모프(George Gamow)였다. 가모프는 빅뱅 우주론이나 우주 배경 방사 예언으로 유명한 이론물리학자다. 물론 가모프는 생물에 대해서는 전문가가 아니었지만, 왓슨과 크릭의 논문을 읽고 이중나선 구조의 아름다움에 감동하여 1954년에 아미노산을 지정하는 유전암호(Genetic code) 단위로 코돈(Codon)을 생각해냈다.

가모프의 아이디어는 핵산 염기 3개 중 하나의 아미노산을 지정하는 것이었다. 이를 코돈의 트리플렛 코드(Triplet code)라고 한다. 다시 말해 글자 4종류로 20종류의 무언가를 지정하는 수학적 조건을 생각한 것이다. 한 글자로 4개, 두 글자로 16개(4의 제곱), 세 글자로는 64개(4의 세제곱)의 무언가에 대응시킬 수 있다. 앞서 서술한 것처럼 단백질을 구성하는 아미노산은 20종류이기 때문에 핵산 염기를 세 글자 사용하면 모두 지정할 수 있다. 숫자는 많이 남지만 말이다.

가모프의 아이디어를 계기로 전 세계에서 유전암호 해독(코돈 해명)을 시작했다. DNA의 이중나선을 결정한 크릭도 예외는 아니었다. 그러나 크릭은 '20종류밖에 되지 않는 아미노산을 64가지 조합으로 지정하는 것은 괜한 힘 빼기다. 더 좋은 방법이 있을 것이다'라고 생각했다.

그리고 우연히 '핵산 염기 3개의 순서는 상관없지 않을까?'라는 생각을 하게 되었다. 예를 들어 AAT와 ATA와 TAA는 모두 똑같은 아미노산을 나타낸다고 본 것이다. 그랬더니 세 글자가 같은 경우는 4종류(AAA, TTT, CCC, GGG), 두 글자가 같은 경우는 12

종류(ATT, ACC, AGG, TAA, TCC, TGG, GAA, GTT, GCC, CAA, CTT, CGG), 세 글자 모두 다른 경우는 4종류(ATC, TCG, ACG, ATG)였다. 모두 합치면 정확하게 20종류가 된다. 1957년의 일이었다.

그러나 이 아이디어는 틀렸다. 그 후 연구에서 DNA에는 '시작 코돈'이나 '종결 코돈'이라고 하여 아미노산을 지정하는 이외의 명령도 지정되어 있다고 밝혀졌으므로 20종류로는 부족했다.

이 이야기는 진화생물학자인 존 메이너드 스미스(John Maynard Smith)가 1999년 『네이처』에 기고한 에세이 「너무 그럴싸한 이야기를 조심하라」에 나오는 일부 내용이다. 단편적인 정보만 가지고 가설을 세우면 잘못된 결과가 나온다는 이론계 연구자들이 빠지기 쉬운 실수이며, 천재 크릭조차도 나무에서 떨어질 때가 있다는 귀중한(?) 에피소드다.

신기한 RNA의 세계

지령서, 공장, 운전수

DNA가 생명의 암호라면, 암호를 푸는 열쇠는 RNA에 있다. DNA에서 단백질이 합성되는 메커니즘에서 RNA는 중요한 역할을 수행한다. 주인공은 세 종류의 RNA다. 전령 RNA(mRNA), 운반 RNA(tRNA), 리보솜 RNA(rRNA)이다.

RNA는 신기한 분자로 DNA와 분자 모양이 한 군데만 다르다. 참고로 RNA보다 DNA에서 화학반응(화학적 안정)이 더 일어나기 어려운데, 이중나선 구조로 되어 있는 것도 DNA를 화학적으로 안정시키는 데 한몫한다. 또한 DNA는 아데닌(A), 티민(T), 구아닌(G), 사이토신(C), 이렇게 핵산 염기의 차이로 네 종류가 있는데, RNA는 T 대신 우라실(U)이 들어가는 것이 특징이다. T는 U보다 화학적으로 안정되어 있기 때문에 여기서도 DNA는 안정성을 중시한 분자라는 사실을 알 수 있다.

반면 RNA는 불안정하지만 다양한 형태로 세포 내 단백질 합성을 조절한다. 그럼 세 종류의 RNA가 단백질을 합성하는 모습을 묘사해보자.

첫 번째는 mRNA다. mRNA는 필요한 정보가 적힌 DNA 영역이 복사된 것이다. 즉 단백질을 만드는 법이 적힌 '지령서'다. 지령서(mRNA)는 rRNA로 운반된다. rRNA는 단백질을 합성하는 '공장'이다. 공장(rRNA)까지 아미노산을 운반하는 것은 tRNA의 역할이다. '운반수' tRNA는 명찰로 DNA 암호의 코돈(3개의 핵산 염기)을 갖고, 코돈에 대응하는 아미노산과 결합되어 있다. 공장까지 아미노산을 옮긴 운반수(tRNA)는 지령서에서 내리는 지시대로 아미노산을 늘어놓는다. 그리고 지령서에 따라 공장이 아미노산을 결합하여 단백질로 만든다.

mRNA는 단순히 DNA가 복사된 것이 아니다. DNA의 핵산 염기(예: ……AATGGC……)와 상보적 핵산 염기를 가진 RNA(예: ……UUACCG……)로서 합성된다. tRNA는 mRNA에 상보적인 코돈을 갖고 있기 때문에 mRNA를 따라 줄을 선다.

◆ 센트럴 도그마와 세 가지 RNA의 활동

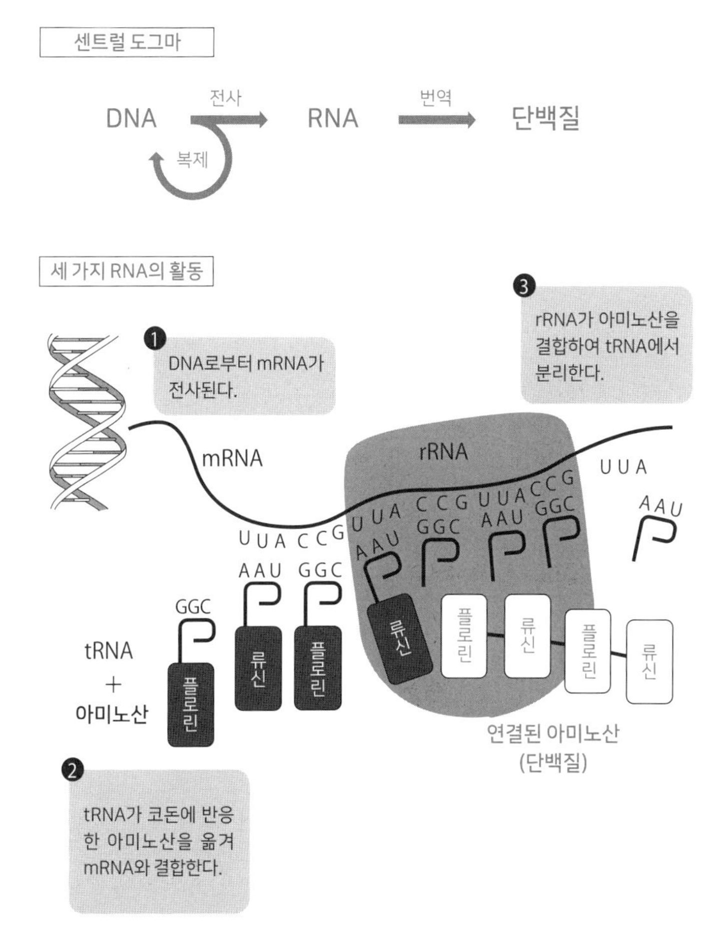

예를 들면 UUA에는 AAU의 tRNA가, CCG에는 GGC의 tRNA가 결합한다. AAU의 tRNA는 류신이라는 아미노산, GGC의 tRNA는 플로린이라는 아미노산을 옮기므로 rRNA에서는 류신·플로린 순서로 결합된다. 이렇게 몇백, 몇천이나 아미노산이 결합하여 단백질이 된다.

더 정확하게 말하자면, DNA에 기재된 정보는 아미노산의 배열뿐만이 아니다. 앞서 언급한 세 종류의 RNA 또한 모두 DNA 정보에 포함된다. 게다가 고등 생물은 더 복잡하게 단백질 발현을 제어한다. 예컨대 공장에 도착하기 전에 지령서(mRNA)를 편집하는 일도 있고, 지령서를 찢어서 단백질 합성을 방해할 때도 있다. 지령서를 찢는 것은 마이크로 RNA(miRNA)라는 짧은 RNA이다.

지금까지 설명했듯이 DNA에서 RNA의 활동으로 단백질이 합성되는 정보의 흐름을 '센트럴 도그마'라고 한다. 그리고 DNA로부터 mRNA가 합성되는 것을 '전사', mRNA에서 rRNA로 단백질이 합성되는 것을 '번역'이라고 한다. 안정성을 중시하는 DNA가 정보를 보관하고, RNA가 가로세로로 활동하면서 정보의 내용인 단백질이 발현하는 것이다. 정말 생명의 구조는 잘 만들어져 있다.

맺음말

유전자의 재미난 이야기를 재미있게 읽었기를 바란다. 이번 책은 『무섭지만 재밌어서 밤새 읽는 과학 이야기』, 『재밌어서 밤새 읽는 소립자 이야기』에 이어 유전자를 주제로 했다. 친구이자 생물학자인 마루야마 아쓰시 씨와 함께 기초의 기초부터 최신 화제까지 가능한 한 알기 쉽게 설명했다.

그런데도 '유전자도 소립자에 뒤지지 않을 만큼 어려웠다'고 생각하는 독자가 많을지도 모르겠다. 머리말에서도 언급했지만, 생명과학의 진보는 그야말로 일취월장이다. 생물학자들 사이에서도 분야가 조금만 달라도 서로 연구에 도움을 주기 어렵다고 한다. 경쟁이 심한 연구 영역에서는 반년만 지나도 이미 뒤처진 정보가 된다.

비화를 소개하자면, 사실 이 책은 2년을 기다린 기획의 결과물이다. 생물학계에 엄청난 스캔들이 있던 탓에 과학계가 조금 진정될 때까지 미뤄뒀기 때문이다. 콕 집어 이야기하면 그 유명한 STAP 세포 소동(일본 이화학연구소 연구팀이 새로운 만능세포인 STAP 세포를 만드는 쥐 실험에 성공했다고 『네이처』에 발표했다. 그러나 얼마 후 연구 결과가 날조된 것으로 드러났다-옮긴이)이다.

그 사이 연구가 진행되거나 사태가 바뀌어 이 책에서 언급한 내용들을 줄줄이 갱신해야 했다. 어쩌면 일부 내용은 출판되기 전에 진전되었을 가능성도 부정할 수 없다. 그 정도로 생명과학에서는 사태가 빠르게 진행된다.

아쉽게도 책의 분량에 한계가 있어 못다 한 이야기들도 많다. 특히 RNA나 유전자 발현 메커니즘에 관한 재미난 에피소드나 흥미로운 화제들을 울며 겨자 먹기로 잘라냈다. 그 이야기들은 다른 기회에 공개하도록 하겠다.

'재밌어서 밤새 읽는' 시리즈에 글을 쓰는 것도 이것으로 세 번째가 되었다. 고생 끝에 나왔지만, 이번 작품도 PHP 에디터즈 그룹의 다바타 히로후미 씨에게 기획부터 출판까지 여러모로 많은 도움을 받았다.

마지막으로 독자 여러분에게 저자 두 사람의 진심을 담아 감사의 말씀을 드린다.

다시 어딘가에서 만나길 바란다!

다케우치 가오루 · 마루야마 아쓰시

참고문헌

- 브렌다 매독스 저, 후쿠오카 신이치 감역, 시카다 마사미 역, 『이중나선 발견과 다크 레이디라고 불리는 프랭클린의 진실(ダークレディと呼ばれて 二重らせん発見とロザリンド・フランクリンの真実)』, 가가쿠도진(化學同人), 2005.
- 제임스 왓슨 저, 에가미 후지오 · 나카무라 게이코 역, 『이중나선(二重らせん)』, 고단샤(講談社), 1986.
- 모리스 윌킨스 저, 나가노 게이 · 마루야마 게이 역, 『이중나선 제3의 남자(二重らせん第三の男)』, 이와나미쇼텐(岩波書店), 2005.
- 캐리 멀리스 저, 후쿠오카 신이치 역, 『멀리스 박사의 기상천외한 인생(マリス博士の奇想天外な人生)』, 하야카와책방(早川書房), 2000.
- 마스이 도루 · 사이토 가요코 · 스가노 스미오 편저, 『유전자 진단의 미래와 함정(遺伝子診断の未来と罠)』, 니혼효론샤(日本評論社), 2014.
- 니시무라 나오코 저, 이시우라 쇼이치 감수, 『생명과학의 기본부터 신기술까지, 인간의 유전자와 세포(ヒトの遺伝子と細胞)』, 기주쓰효론샤(技術評論社), 2014.
- 시마다 쇼스케 저, 『재미난 유전자 성명과 사명(おもしろ遺伝子の氏名と使命)』, 오무샤(オームしゃ), 2013.
- 나카니시 마코토 편저, 『별책 닛케이 사이언스 첨단의료의 도전 재생의료 · 감염증 · 암 · 신약 연구(別冊日経サイエンス 先端医療の挑戦 再生医療' 感染症' がん' 創薬研究)』, 닛케이 사이언스사(日經サイエンスしゃ), 2015.

• 브루스 앨버트 · 줄리아 루이스 · 마틴 래프 · 피터 월터 · 키스 로버츠 · 알렉산더 존슨 저, 나카무라 게이코 · 마쓰바라 겐이치 감역, 아오야마 세이코 외 역, 『세포의 분자 생물학 제5판(細胞の分子生物学 第5版)』, 뉴턴프레스(ニュートンプレス), 2010.
• 고든 에들린 저, 시미즈 노부요시 감역, 이토 후미아키 외 역, 『인간의 유전학(ヒトの分子遺伝学)』, 도쿄가가쿠도진(東京化學同人), 1992.
• 오이시 마사미치 저, 『도해 잡학 유전자 재조합과 복제((図解雑学 遺伝子組み換えとクローン)』, 나쓰메샤(ナツメや), 2001.
• 하야시자키 요시히데 저, 『교과서에서는 알 수 없는 유전자의 재미난 이야기(教科書ではわからない遺伝子のおもしろい話)』, 지쓰교노니혼샤(實業之日本社), 2009.
• 미야가와 쓰요시 저, 『'마음'은 유전자로 어디까지 정해지는가 퍼스널 게놈 시대의 뇌과학(「こころ」は遺伝子でどこまで決まるのか パーソナルゲノム時代の脳科学』, NHK출판(NHK出版), 2011.
• 노지마 히로시 저, 『분자생물학의 궤적 선구자들의 번뜩인 순간(分子生物学の軌跡ーパイオニアたちのひらめきの瞬間)』, 가가쿠도진(化學同人), 2007.
• 월터 그레이저 저, 안도 다카시 · 이야마 히로유키 역, 『유레카! 번뜩인 순간, 아무도 몰랐던 과학자의 일화집(へウレーカ!ひらめきの瞬間ー誰も知らなかった科学者の逸話集)』, 가가쿠도진(化學同人), 2006.

재밌어서 밤새 읽는 유전자 이야기

1판 1쇄 발행 2018년 1월 8일
1판 7쇄 발행 2024년 7월 31일

지은이 다케우치 가오루 · 마루야마 아쓰시
옮긴이 김소영
감수자 정성헌

발행인 김기중
주간 신선영
편집 민성원, 백수연
마케팅 김신정, 김보미
경영지원 홍운선

펴낸곳 도서출판 더숲
주소 서울시 마포구 동교로 43-1 (04018)
전화 02-3141-8301
팩스 02-3141-8303
이메일 info@theforestbook.co.kr
페이스북 @forestbookwithu
인스타그램 @theforest_book
출판신고 2009년 3월 30일 제2009-000062호

ISBN 979-11-86900-41-3 (03470)

이 도서의 국립중앙도서관 출판예정도서목록(CIP)은 서지정보유통지원시스템 홈페이지(http://seoji.nl.go.kr)와
국가자료공동목록시스템(http://www.nl.go.kr/kolisnet)에서 이용하실 수 있습니다.
(CIP제어번호: CIP2017031026)